ダムを造らない社会へ

八ッ場ダムの問いかけ

上野英雄【編】

新泉社

装幀　勝木雄二

はじめに

「本当に必要なダムだということが理解できれば、反対しないこともある。しかし、このダムは造る意味が誰にも理解できない」

かつて、こう私に語ったのは、歌人で、八ッ場ダム建設予定地である群馬県長野原町の川原湯《かわらゆ》温泉で長年、旅館を経営していた豊田嘉雄さん（二〇〇七年逝去）であった。

豊田さんが語ったように、不要なことがはっきりしているのに、なぜ八ッ場ダム建設は止まらないのか。こうした不要なダムを造らない社会にするには、何が改められ、何が必要なのか。

この問いを解こうと、ダム問題の専門家から河川工学、河川行政、公共事業、地方財政などの専門家、そして八ッ場ダムの現地で活動しているＮＰＯの人たち、全国各地のダム建設予定地の人たちなどに、何が問題なのかを尋ねてまわった。また、徳島県の旧木頭村《きとうそん》や熊本県の川辺川《かわべがわ》流域、徳島県の吉野川第十堰《だいじゅうせき》を守る運動、淀川水系流域委員会の実践など、ダムを跳ね返した経験にも学びたいと思った。

本書は、こうしたダムにかかわるさまざまな人たちに、ダムを造らない社会へ向けて原稿を寄せてもらったものだ。全国三〇〇〇のダム（加えて砂防ダム九万基）が、水の流れを、命の流れを、人びとの暮らしと交流を分断してきた。

私たちは、各地・各分野の人たちとの交流の中から、新しい社会づくりの手がかりをつかみたいと思う。本書が、ダムを造らない社会、市民による新たな〝流域〟づくりへ向けての交流と対話の一つの礎石になれば、編者として望外の喜びである。

上野英雄

目次

Ⅱ　八ッ場ダムの問いかけ

Ⅲ　川との共生へ

ダムを造らない社会へ

——八ッ場ダムの問いかけ

I

脱ダム社会をどうつくるか

川とは？　ダムとは？

川と人との触れ合いから考える

◈

大熊　孝

川とは？——川はどう定義すればいいか

まず、川というものをどう考えたらいいのか、そこから始めたい。

川の勾配図（図1）は、かつて建設省が新聞広告に載せたものであるが、河川工学の教科書にも必ず掲載される図で、日本の川は、外国の川とくらべて、急流で短く、洪水になりやすく渇水にもなりやすいことが強調される。確かにそう指摘されると、マインドコントロールされて、川をコンクリートで固めたり、ダムを造ることを了解してしまう。

だが、見方を変えれば、日本の川は短く、海と山とが接近していることも示している。たとえば、ライン川では、中流にいる人から見ると、山も海もはるかに遠く、遠い山のことを思えというても思えないし、遠い海のことも想像しにくいであろう。しかし、流路の短い日本では、鮭や鮎などが海と川とを往来していることは誰もが昔から知っていたことである。**写真1**は、熊本の水俣川の上流山地にある祠の一つであるが、それらの中には必ずサンゴやアワビなど海の幸が供えられている。「森は海の恋人」というフレーズは、今から二〇年ほど前に気仙沼の熊谷龍子の歌から畠山重篤が発信したものであるが、海の豊かさは山にあることは昔から知られていたのである。**図1**の使い方として、恐ろしく厄介な川のイメージしか抽出できず、川の豊かさを表現できなかったところに問題があったといえる。

私は約四〇年前に新潟大学に赴任して、信濃川などに鮭や鱒、鮎が上ってくる姿を見て、これらが国宝・火焔形土器を生んだ縄文文化の源であると感じ、川の見方が決定的に変わった。新潟に行くまでは、心の中のどこかに川を敵視する思いがあった。それは、スサノオノミコトのヤマタノオロチ退治伝説にあるように、川から灌漑用水をもらっているが、「洪水になったら困る、渇水になったら困る」ということで、川を制御対象としか見ていなかったことにある。換言すれば、弥生文化は川を敵視するところがあるが、縄文文化は生物の豊かな川と仲良く共生する対象としていたのである。

私が学生の時代には、洪水は無駄に流れているから、ダムを造

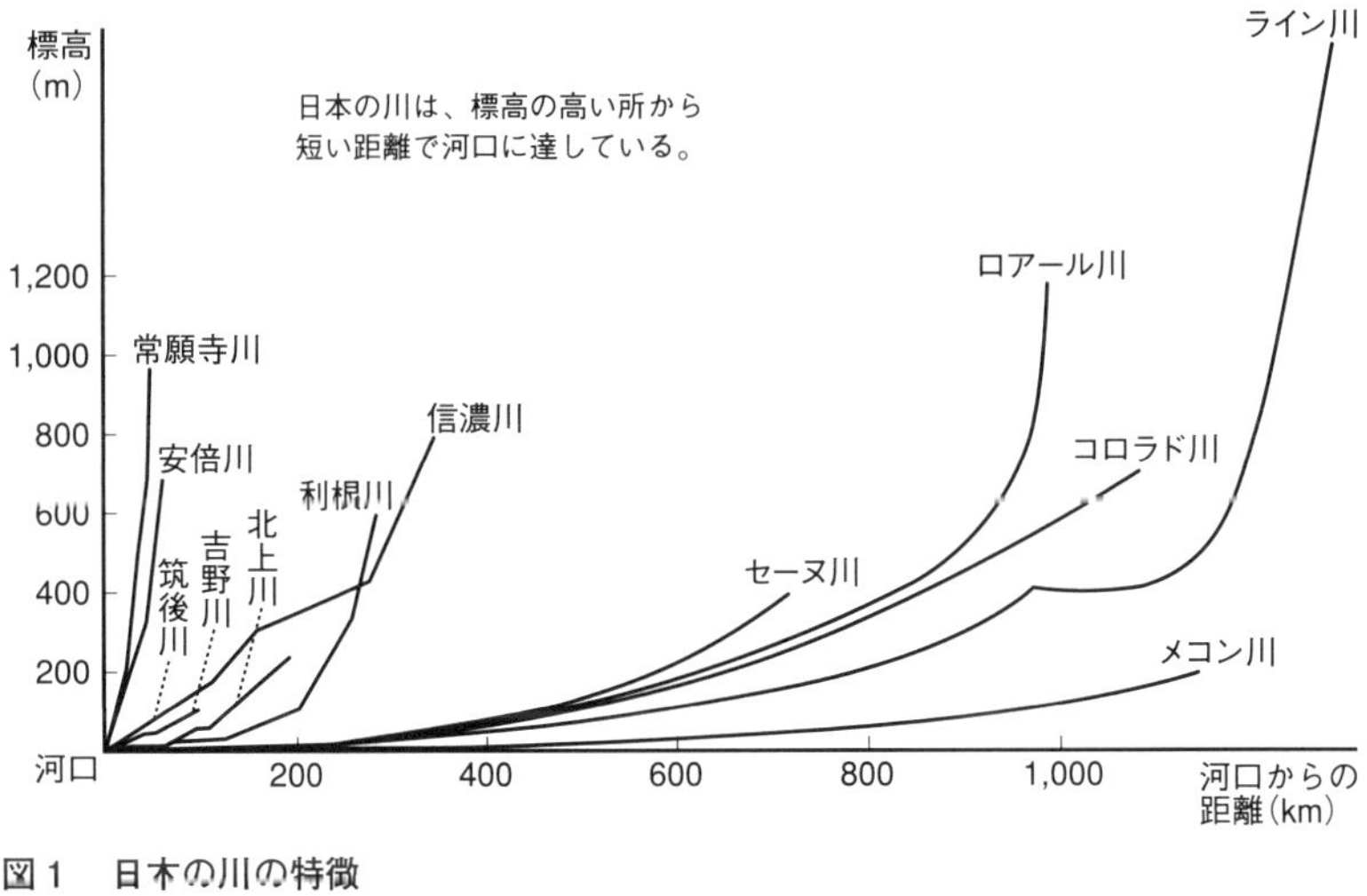

図1　日本の川の特徴

って洪水を貯め、渇水時に使えば一石二鳥で、ダムを造ることは良いことだと教えられた。私自身は、祖父が台湾で烏山頭《うざんとう》ダム造りにかかわっており、また、父がセメント関係の会社におり、佐久間ダムとか黒四ダムの工事現場によく出かけており、そのダムの逸話などを子どもの時から聞かされていた。それが大学で専門に土木工学を選んだ要因でもあるが、私の頭の中は、ダムは〝善〟なるものと刷り込まれており、それを切り替えることは至難であった。

　鮎が食べる苔は新しい苔ほど匂いがよくて、それが香魚といわれる所以であるが、新しい苔が生えるためには古い苔が剝がれてくれる必要がある。それを実行してくれるのが洪水であり、洪水流で石がブラッシュされたり、転がったりして、古い苔が剝がれれば、新しい苔は二、三日で生えてくる。すなわち、洪水で川に攪乱が与えられることが、川の生態系を支える上で重要だということである。その認識を獲得するには、新潟で鮭や鮎の遡上・降下を見る必要があったということである。

　ところで近年では、鮭とか鱒が川に上ってきて、熊などに食べ散らかされることによって、海のミネラルが森にもたらされ、それが森を豊かにしているということが明らかにされてきた。カナダのトム・ライムヘン教授がこのことを一五年ほど前に発表し、それを日本で最初に紹介したのがC・W・ニコルであったと記憶している。これは「森は海の恋人」であるとともに「海は森の恋人」でもあり、海と山が川を媒介として双方向に影響し合っているということが、やっと最近認識されるようになったということである。

写真1　水俣川上流域に点在する祠（撮影：大熊孝）

私が習った河川工学の教科書には、「瀬」「淵」は無論のこと、「魚」という字も書かれていないのが普通であった。河道を台形断面にして洪水が流れやすい川が一番良いということで、川が蛇行したり、瀬、淵が形成されることの意味を総合的に考えることをしていなかった。また、鮭が産卵するためには、砂利層が四〇から五〇センチ堆積しており、伏流水があることが必須条件であるが、そうしたことは河川工学の中ではまったく触れられておらず、砂礫は砂利資源としか考えられていなかったのである。

ただ、川は災害をもたらすことも認識しておく必要がある。特に日本の川は、急流であるがゆえに、ときどき大量の土砂を山から平野に運び出す。この土砂がなかったら沖積平野は形成されなかったわけであるが、そこに人びとが住みついて、ときどき水害に遭うという構図になっている。換言すれば、災害に遭いやすいところほど、飲み水が得やすく、耕作しやすく、交通にも便利で、人間が住みつきやすく、それがゆえにときどき災害に遭うということである。この矛盾に〝災害の本質〟がある。災害が起こらないような岩盤だらけのところでは人間は住めないということである。現代のように近代的技術があれば、水道を引いて山の上でも宅地開発できるが、歴史的にはつい最近までそれは不可能なことであった。そういう矛盾の中に、人間は知恵を働かせ、文化をつくってきたということである。

以上の認識から川を定義するならば、川は水循環を担うだけでなく、川に土砂が流れ、生物が往来し、その川沿いで人びとが文化を築いてきたということを表現する必要がある。しかし、今までの日本の河川工学の教科書では、川を次のように定義してきた。

「河川とは、地表面に落下した雨や雪などの天水が集まり、海や湖などに注ぐ流れの筋（水路）などと、その流水とを含めた総称である。」

この定義は、水循環しか認識されておらず、ダムに溜まった水はいずれ循環するので、ダムを否定的にとらえる必要はなく、ダムを造ることに良心の呵責を感じない定義といえる。

私は、一九九〇年頃から、川を次のように定義して、学生に教えてきた。

「川とは、地球における物質循環の重要な担い手であるとともに、人にとって身近な自然で、恵みと災害という矛盾のなかに、ゆっくりと時間をかけて、人の〝からだ〟と〝こころ〟を育み、地域文化を形成してきた存在である。」

ただ、「人の〝からだ〟と〝こころ〟を育み」というフレーズを追加したのは、この二、三年のことである。川と触れ合うことで人の〝からだ〟と〝こころ〟がつくられることは、自然と共生してきた老人たちから教えられてきたことであるが、それを具体的に表現するには時間を要したということである。

ダムへの認識を改める

この川の定義を前提にすれば、ダムは川を遮断し、土砂や落葉を溜めこみ、魚の往来を阻害するもので、川にとって〝敵対物〟でしかない。川を地球の血管にたとえるならば、ダムは血栓といえるであろう。できれば造らないに越したことはない。しかし、日本のように人口が急激に増え、産業が発展してきたところでは、新規の都市用水や電力需要をまかなうためにダムを造らざるを得なかったといえる。だが、ダムを造るにしても、川にお願いして造らせてもらうべきであった。しかるに、二〇世紀は〝ダム文明の世紀〟とばかりに、日本ばかりでなく世界中で、安易にダムを造り続け、川の物質循環を破壊してきたのであった。

特に日本の川は、大量の土砂を流下させる点に特徴があり、その点にもっと配慮すべきであった。前述したように、日本の沖積平野は川が運んできた土砂が一万年ぐらいで堆積して形成されたものである。また、海岸の砂浜は川が運んでくる土砂で維持されてきた。したがって、川にダムを造れば、そのダムはいずれ土砂で満杯になるとともに、下流の河床低下や海岸侵食を引き起す必然性があった。しかし、それに配慮することなく、ダムを造り続けてきたのであった。

日本では現在約三〇〇〇基に達するダムがあり、中部山岳地帯から流れ出す天竜川や大井川、黒部川など土砂が大量に流れる川では、多くのダムが予想を越えてほとんど埋まりかけている。その堆砂の仕方は、流速が急に遅くなる貯水池の背水端から堆積していき、年々治水容量や利水容量が減少しているのである。

その典型的存在が佐久間ダム（一九五六年完成）である。佐久間ダムは、今から半世紀以上も前に戦後復興の象徴として国民から提灯行列までして歓呼の声で迎えられ、記念切手にもなった発電専用のダムである。だがすでに、総貯水容量三億二六八〇万立方メートルのうち約三分の一以上が堆砂している。毎年、背水端の土砂を掘削・浚渫して運搬排出しているが、その量は一年間の流入土砂の四分の一程度で、ダンプトラックの交通量からこれ以上運び出すことが無理という状況にある。佐久間ダムの上下流に存在する泰阜《やすおか》ダムや平岡ダム、秋葉ダムなどもゲート下端のクレスト天端まで満砂しており、天竜川はまさに瀕死の状態にある。本来なら二〇〇六年に、佐久間ダム完成五〇周年記念を盛大に祝いたいところであったが、心から祝えない状況にあった。

最近では地盤、地質の非常に悪いところまで強引にダムを造っている。その典型例が、紀ノ川水系の大滝ダム（奈良県川上村）であり、完成しても地すべりで水を貯めることができない状況にある。八ッ場《やんば》ダムや長野県の浅川ダムも、地すべりの可能性が高いところに建設中であり、完成しても湛水できないのではないかと危惧している。

今、日本でダムのない川は二〇水系あるかないかである。今後は、源流の落葉が海まで流れることのできる川はレッドリストに載せて保全し、もう新たなダムは造るべきでない。さらに、土砂で満杯になったダムは、改造して土砂を下流に流す工夫を施し、場合によってはダムの撤去も必要となるであろう。

川の横断構造物を考える

ダム以外にも川を横断する構造物はたくさんある。日本では基礎地盤から一五メートル以上のものをダムといい、それより低いものは堰とか水門とか呼んでいるが、英語ではhigh dam, low damと呼ばれ、ダムであることには変わりない。そこで、堰・水門を含めて、川を横断する構造物のあり方を考えてみたい。なお、堰と水門は構造的にほとんど同じであるが、「堰」は、普段は流水を堰き止め取水しやすくするもので、洪水時にはゲートを全開して、洪水をスムーズに流すものをいう。「水門」は、普段はゲートを開放しているが、洪水時には全閉して、堤防の機能を果たすものをいう。堰と水門の機能の違いを認識しておくことは、ゲート操作を考える上で重要である。

川の横断構造物を考えるにあたって、**写真2**を見てほしい。これは九州大隅半島の肝属川《きもつきがわ》支川・串良川《くしらがわ》の川原園井堰《かわはらぞのいぜき》での作業風景である。この写真の作業は、農民達が堰から灌漑用水を取水しやすいように、山から取ってきた粗朶《そだ》（雑木の枝類）と莚《むしろ》で流水を堰上げているところであ

写真2　串良川の川原園井堰（提供：鹿屋市）

る。

この写真を見て、「この堰は遅れている」と感じる人は二〇世紀の効率を追求してきた近代技術に毒されており、私はこのような堰こそ二一世紀を支える技術でないかと考えている。この写真を見た時、私は強い衝撃を受けた。それは農民達が楽しげに作業しており、この作業の後も、彼らは集会場などで一杯やってまた楽しい時間を共有するのではないかと想像したからである。われわれが生きている一つの証しは、こうしたコミュニティで、自然と共生して、仲間とともに充実した楽しい時間・空間を共有することにあると考える。それを担保する技術は率先して保全されるべきである。

写真3は長良川河口堰である。これは、ボタン一つで、洪水になればゲートを上げ、洪水をスムーズに流し、洪水が終わればゲートを下げて取水を可能にする。ただ、この河口堰は、その治水・利水機能に疑問が呈されているが、それはさておき環境的にもさまざまな問題を引き起こした。たとえば、ゲートの前後にヘドロが堆積し、シジミを壊滅に追いやり、魚類の遡上・降下を悪化させ、自然と人間の共生関係を破壊した。さらに、年間一〇億円ともいわれる費用をかけて専門家による維持管理が行われており、地域住民が管理する技術とは程遠い存在になっている。換言すれば、この近代的な可動堰は、自然と人との関係、そして人間と人間の関係を分断しているのである。

要は、近代的な構造物を造ることによって、それまで住民が直接従事してきた作業を煩わしく非効率的なものとして取り止め、その空いた時

写真3　長良川河口堰（撮影：大熊孝）

間を一時間でも一分でも多く近代的な労働に振り向け、通勤・通学や都市への出稼ぎを可能にしたのであった。この近代的労働時間の創出は、国家からも国民からも強く望まれたことであった。ただ、ここで見落とされていたのは、この〝煩わしい〟とされた維持管理に使われていた時間が本当に無意味な時間であったのかということである。確かに、こうした作業は労力を必要としたが、仲間とともに自然の脅威や恵みに対して創意工夫を凝らして対応する、創造的な時間であり、それによって川や山が維持され、風景がつくられ、風土・文化が形成されてきたのである。この作業は、それに参画している人たちをして〝生きがい〟や〝誇り〟を実感させていたはずである。

二〇世紀の交通・防災・生産などのかかわる近代的技術は、地域共同体や家族による封建的な因習にとらわれることなく、自由に居住し、結婚し、労働し、交通することを可能にし、個人を自立させ、国や市場経済に直結させることに成功した。しかし、これは二つの点で問題があったといえる。一つは、個人が国と直結したかもしれないが、あまりにバラバラになり、孤独な状況におかれ、仲間から認められる〝生きがい〟や〝誇り〟が失われてしまった。もう一つは、その技術が、経済を効率的に成長させるために、あまりに自然を収奪し、時間の蓄積された美しい風景を壊し、地域住民を顧みることがなかったことである。

吉野川第十堰と八ッ場ダムを考える

以上の議論を前提として、最後に徳島県を流れる吉野川の第十堰《だいじゆうせき》と利根川水系吾妻川《あがつまがわ》に建設される八ッ場ダムについて触れておきたい。

第十堰は**写真4**のような固定堰で、これを撤去し、新たに可動堰を築造する計画であったが、二〇〇〇年一月二三日に住民投票が行われ、可動堰化反対一〇万二七五九票、賛成九三六七票という結果で、地域住民からは現在の堰を保全することが求められた。しかし、国土交通省はこれに対して、もう一〇年以上が経過したわけであるが、「放ってある」状況にある。法律的には、河川の整備計画に必要があると認めた時には住民意見を反映させることができるが、その必要を認めなければ住民意見を聞く必要はなく、法律違反ということではない。したがって、現状では、第十堰の可動堰化が消え去ったというわけではない。

現在の第十堰は、およそ二六〇年前に創設され、その後の経過の中で、ちょうど砂州の移動がないところに、砂州の形状に沿って斜めに位置する、日本最大の斜め固定堰となった。ここは、堰の下に伏流水が流れ、海に近く汽水域が形成され、生物が多様で豊富であり、徳島の人たちにとって、「第十堰で遊んだ」とか「魚をとった」とか、そういうこと一つひとつがかけがいのない成長の痕跡であり、〃ふるさと〃を実感させてくれる〃場〃となってきた。現在の第十堰表面の主要部分はコンクリートで覆われているが、もう一度徳島特産の青石を使って昔の姿に造り直して、ここで楽しく遊びたい、鮎をつかまえたい、地域住民はそれを強く望んでいるのである。

国交省は、第十堰に対するこの徳島の人たちの思いを理解できずに、治水的観点からのみ可動堰を造ろうとしてきた。しかし、現在の第十堰が残

写真4　吉野川第十堰（下流から上流を望む）

出典：「吉野川可動堰計画に代わる第十堰保全事業案と森林整備事業案の研究成果報告書」吉野川流域ビジョン21委員会，2004年3月，表紙より

されても、計画規模の洪水を安全に流下させられることは、二〇〇四年一〇月の台風二三号洪水で明らかとなっている。この洪水では、第十堰より約二五キロメートル上流の岩津地点（流域面積二八一〇立方キロメートル）で一万六四〇〇立方メートル／秒が記録されたが、第十堰地点の水位は堤防天端から四メートル下（計画高水位から二メートル下）までしか達していなかったのである（なお、この洪水流量は、日本で記録された洪水のうち、熊野川で記録された二万二〇〇〇立方メートル／秒〔二〇一一年九月、台風一二号〕、一万九〇〇〇立方メートル／秒〔一九五九年九月、伊勢湾台風〕に次ぐものと考えられる）。

八ッ場ダムも、利根川治水・利水にとって役に立たないことは、本書の他の論考で明らかである。仮に、八ッ場ダムができたとしたら、高原野菜地帯から流れてくる汚濁水がたまり、いずれ土砂で満杯となる運命にある。満砂したらどうするのか、その対策を何も考えていないところに根本的問題がある。さらに、すでに施工された工事によって、吾妻渓谷の景観は瀕死の状態にある。**写真5**は長野原草津口駅前の吾妻川の状況であるが、たんなる水路と化している。こんな川にしている近代技術とは何なのか、猛省が必要であろう。

今後の川に関する行政は、川に対する地域住民の愛着を理解したうえで展開しなければ、今後とも反発を受け続けることであろう。土木技術者は、誰のために仕事をするのか反省すべきであると考える。

写真5　長野原草津口駅前の吾妻川の状況（撮影：大熊孝）

（新潟大学名誉教授）

巨大な負の遺産、八ッ場ダム

ダム神話を超えて

嶋津暉之

本体工事予算案計上をめぐる経過

二〇一一年一二月二四日、民主党政権は八ッ場《やんば》ダム本体工事費を計上した二〇一二年度予算案を閣議決定し、八ッ場ダム事業再開に舵を切り返した。二〇〇九年の政権交代後に前原誠司国土交通大臣が就任の席で言明した八ッ場ダム中止は撤回されることになった。民主党政権の公約は官僚機構の巻き返しにより、次々と反古にされていった。ダム事業についても河川官僚は形だけのダム検証のシステムを作り、国交省はそのシステムで八ッ場ダムを検証し、事業継続が妥当という結論を導いた。他の主なダム事業もほとんどがダム推進の方向になってきている。

しかし、八ッ場ダム中止は民主党マニフェストの重点項目と位置付けられていたので、民主党の議員有志から事業再開に反対する意見が強く出され、民主党が政府に事業再開反対の申し入れを行った。その民主党の責任者が前原政調会長であり、二〇〇九年秋に国交大臣として中止を言明した本人であった。

事業再開を決定しようとする前田武志国交大臣と、それに反対する前原政調会長の間に立った藤村修官房長官は一二月二二日に次の裁定を示した。

「1．利根川水系河川整備計画を早急に策定し、その目標流量を検証する。2．ダム中止後の生活再建支援法案を次期通常国会に提出する。3．八ッ場ダム本体工事については、上記の2点を踏まえ、判断する。」

この裁定の文書を字義どおりにとれば、1と2の条件がクリアされるまでは、本体工事費の予算案は計上されないはずであった。ところが、前田国交大臣は予算案の決定前であるにもかかわらず、二二日の夜、ダム予定地の群馬県長野原町に行って群馬県知事、地元町長らに予算案計上を報告し、ダム推進派から大歓迎を受けた。対外的にすでに約束済みであるという理由で、翌日の政府・民主党三役会議では民主党側の反対を押し切って予算案計上が決まり、二四日の閣議決定となった。河川官僚が書いたシナリオどおりにことは進んだ。前田大臣はそのシナリオの演技者であった。しかし、まだその先がある。

予算案計上に反対してきた民主党の議員有志は、一二月二九日の民主党「税制調査会と社会保障と税の一体改革調査会」の合同総会で野田佳彦首相にこの問題を問い質した。野田首相は、官房長官裁定の二条件が八ッ場ダムの本体工事予算執行の条件であると言明した。この首相発言で、二条件がクリアされるまで本体工事の予算執行は凍結されることになった。

二条件のうち、ダム中止後の生活再建支援法案（正式名称は「ダム事業の廃止等に伴う特定地域の振興に関する特別措置法案」）は三月一三日に閣議決定され、国会に提出された。これは、二〇〇九年の八ッ場ダム中止言明後、その代替措置として制定が求められてきた法案であったが、河川官僚のサボタージュで見送られてきた。八ッ場ダムの本体工事予算案計上に際し、官房長官裁定でこの法案の国会提出が条件の一つとなったことにより、国交省としても法案作成に取り組まざるを得なくなり、国会提出に至った。八ッ場ダムを中止するために必要だった法案が、八ッ場ダムの本体着工のために準備されるのは、なんとも皮肉なことである。ただし、国会での審議がまったく行われず、九月八日に閉会となった通常国会では継続審議となり、一一月の衆議院の解散に伴って廃案となった。

利根川水系河川整備計画の策定

裁定の条件はまだ一つ残っている。それは利根川水系河川整備計画の策定である。一九九七年に河川法が改正され、各水系ごとに河川整備の長期的な目標を定める河川整備基本方針と、今後二〇～三〇年間に実施する河川整備の事業内容を定める河川整備計画を策定することになった。利根川水系は、基本方針は二〇〇六年二月に策定されたが、河川整備計画は未策定である。河川整備計画は、実施する河川整備の具体的な内容を記載する。ダムが必要な場合はダム名を記載するので、河川整備計画がダム計画の治水面の上位計画になる。利根川水系河川整備計画の策定の中で、八ッ場ダムは治水面の必要性の是非が改めて問われることになる。

利根川は日本で流域面積が最も大きな水系で、大きな支川をいくつも抱えており、まともに河川整備計画を策定すれば数年の歳月を要するものである。それは、河川整備計画とは流域住民の意見を反映して入念につくることが一九九七年河川法改正の本旨となっているからである。

裁定の条件がクリアされていないので、八ッ場ダムの二〇一二年度当初予算は本体工事費一八億円を除く一一七億円である。整備計画が策定された段階で、本体工事費の予算が付き、その執行が可能となるが、それがいつのことになるのか、国交省の思惑どおりの整備計画が策定されるのかまだわからない。なお、二〇一二年一二月の総選挙で政権が交代したことにより、八ッ場ダムがこれからどうなるのか、その先行きは不透明さを増している。

先行きを見通せない八ッ場ダム

八ッ場ダム問題は事業再開が決まり、終わったとされているが、上述のとおり、実際にはこれからの見通しは不透明なままであり、さらに仮にダム事業が再開されても、ダムがいつ完成するか、先行きを見通せない状況にある。

現計画の完成予定時期は二〇一五年度末であるが、すでに国交省は八ッ場ダムの検証の中で、本体工事着工後、八七カ月かかるとしており、国交省の思惑どおりに進んでも、二〇二〇年度になる。事業の進捗に重大な影響を与えているのは、JR吾妻《あがつま》線・付け替え鉄道の工事の大幅な遅れである。工事遅延区間は川原湯《かわらゆ》温泉新駅付近である。線路部分の買収はようやく終わったが、駅前周辺整備事業の用地は未買収地が多く残っており、買収完了時期の目処が立っていない。ダム予定地を現鉄道が通っているので、付け替え鉄道が完成して現鉄道を廃止しないと、ダム本体の本格的な工事を進めることができない。

その点で、八ッ場ダムの完成時期はいずれにせよ大幅に延期せざるを得ないのであって、国交省はダム検証のために完成が遅れたようなことを言っているが、それは事実ではない。付け替え鉄道の整備の遅れによって、八ッ場ダムの工期は大幅に延長せざるを得なくなっているのである。

そして、たとえダム本体ができても、八ッ場ダム貯水池予定地の周辺は地質が脆弱であるので、奈良県の大滝ダムや埼玉県の滝沢ダムのように試験湛水中に深刻な地すべりが起きて、その対策工事に追われることも予想される。大滝ダムの場合は二〇〇三年の試験湛水中に白屋《しらや》地区で地割れが発生して三八戸が全戸移転し、その後もその他の地区でも地すべりの危険性が判明したため、地すべり対策工事が延々と実施されてきた。現段階の完成予定は二〇一三年三月であるから、約九年の遅れである。滝沢ダムの場合は地すべりの対策工事により、約五年遅れて完成した。

八ッ場ダムも同様に、試験湛水後、地すべりの発生で完成まで長い年月を要することも予想される。このように八ッ場ダムはたとえダム本体工事に着手してもいつ完成するかわからない可能性を含んだダムなのである。

縮小の一途をたどる首都圏の水需要

かつて八ッ場ダム計画を推し進める理由となったのは、首都圏の水道用水、工業用水の増加であった。しかし、一九七二年に高度成長時代が終焉すると、工業用水は減少傾向に変わり、水道用水は増加速度が大幅に低下した。水道用水は漸増傾向が続いたものの、バブル経済がはじけた一九九二年以降は、ほぼ減少の一途をたどるようになった。一九九二年度から二〇〇九年度までの一七年間に利根川流域・六都県水道の一日最大給水量は一八二万立方メートル／日も減った（図1）。この減少量は八ッ場ダムの開発水量に匹敵する水量である（八ッ場

写真1　全水没予定地を走る吾妻線・特急草津（提供：八ッ場あしたの会）

ダムの開発水量には通年と非かんがい期（冬期）だけのものがある。後者をそのまま加算した合計は取水量ベースで一九二万立方メートル／日、後者を通年に換算して合計すると、一四三万立方メートル／日である）。

首都圏全体で給水人口が多少増加してきたにもかかわらず、一日最大給水量が減り続けているのは、一人当たり給水量がかなりの速度で減少してきているからである。一九九二年度から二〇〇九年度までの一七年間に一人一日最大給水量は二二パーセントも減っている（**図2**）。これは節水型機器の普及、漏水の減少、生活様式の季節変化の平準化などによるものである。節水型機器はこれからも、より節水型のものが開発され、普及していく見通しであるので、一人当たり給水量の減少傾向は今後もしばらくの間続いていくと予想される。

首都圏全体の人口はまだわずかに増加しているが、日本の人口がすでに漸減傾向にあるので、首都圏の人口も近い将来には漸減傾向に変わることは確実である。国立社会保障・人口問題研究所の推計では、首都圏の人口は二〇一五年以降は漸減傾向になっている。東京都が二〇一一年一二月に発表した人口予測でも、二〇二〇年以降は都の人口は漸減傾向に変わる。

首都圏では一人当たり給水量が今後も減り続け、さらに人口も近い将来には減少傾向に変わる

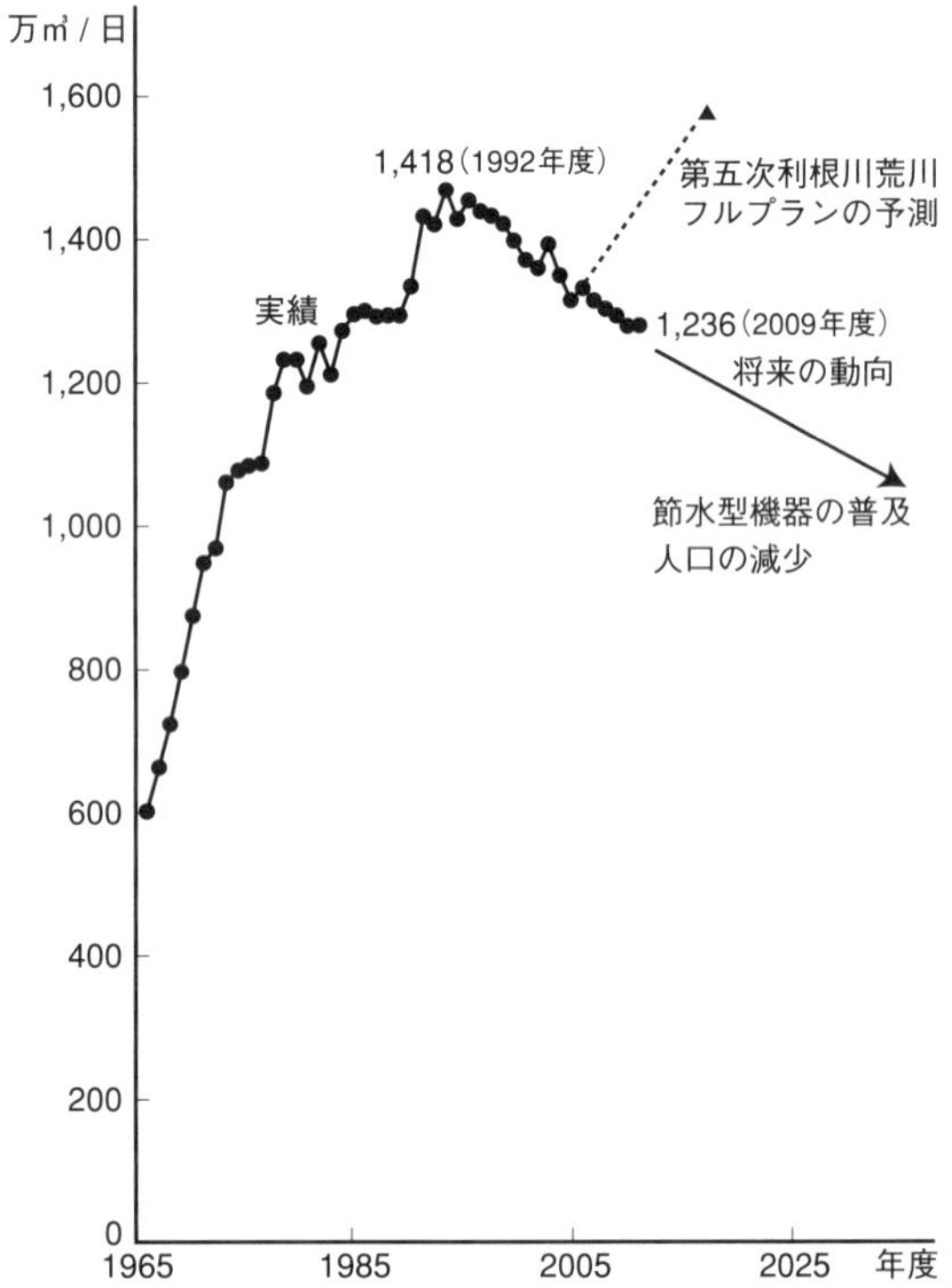

図1　利根川流域6都県の上水道の一日最大給水量

ので、一日最大給水量の減少傾向が今後も続いていくことは必至である。

国交省が二〇〇八年に策定し、八ッ場ダムの利水面の根拠となっている第五次利根川荒川フルプランでは給水量が急速に増加していくことになっているが、その予測はまったく架空のものである（**図1**）。

一方、利根川・荒川流域ではダム等の水源開発事業が次々と完成し、各都県とも十分な保有水源が確保されてきている。東京都に至っては、水道の保有水源を正しく評価すれば、六八七万立方メートル／日にもなる。最新の二〇一一年度の一日最大給水量は四八〇万立方メートル／日まで低下しているから、保有水源量との差は二〇〇万立方メートル／日以上に達しており、東京都は極め付きの水余りの状態にある。他の県も東京都ほどではないが、余剰水源を抱えるようになっている。

そして、将来は上述のように、節水型機器の普及と人口の減少で水需要の規模が次第に縮小していくから、首都圏、利根川流域の水余りの状態がますます顕著になっていく。八ッ場ダム事業が仮に再開されても、前述のように完成するのは二〇二〇年代に入ってからになる可能性が高いから、その完成時には八ッ場ダムは利水面でまったく無用のものにな

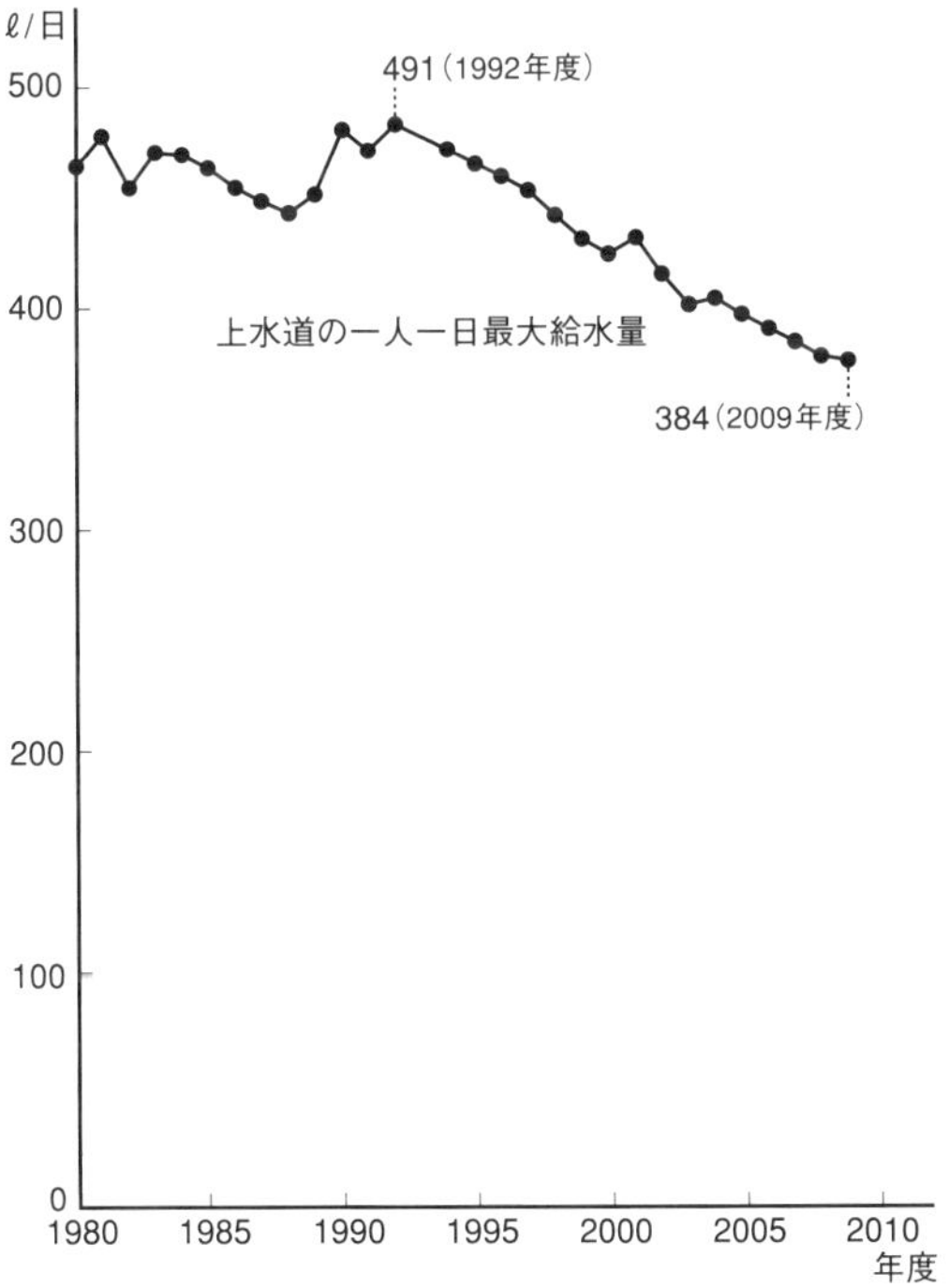

図2　利根川流域6都県の一人当たり水道用水

っているに違いない。

水需要の規模縮小の時代に突入しているにもかかわらず、八ッ場ダムが必要だと言い続ける国交省や各都県の水行政はまさしく時代錯誤に陥っている。

新規の社会資本の投資が厳しくなる時代

利水面だけでなく、治水面においてもこれからの時代は新たな局面を迎えている。それは、日本は新規の社会資本の投資が次第に厳しい時代になりつつあるので、利根川流域住民の安全を真に確保できる治水対策を厳選して、そこに河川予算を集中して投じるようにしていかなければならないことである。そうしなければ、利根川流域は氾濫の危険性がある状態が半永久的に放置されてしまう。

『平成二一年度国土交通白書』に次のように記されている（第二章第一節1（2））。

「これまで我が国で蓄積されてきた社会資本ストックは、高度経済成長期に集中的に整備されており、今後老朽化は急速に進む。五〇年以上経過する社会資本の割合は、現在（二〇〇九年）と二〇年後を比較すると、例えば、道路橋（約八パーセント→約五一パーセント）、水門等河川管理施設（約一一パーセント→約五一パーセント）、下水道管きょ（約三パーセント→約二二パーセント）、港湾岸壁（約五パーセント→約四八パーセント）などと急増し、今後、維持管理費・更新費が増大することが見込まれる。」

この白書は、国交省所管の社会資本を対象に、過去の投資実績等を基に今後の維持管理・更新費がどのように推移していくかの試算の結果を示している。今後の毎年の社会資本投資の総額が二〇一〇年度以降増額できず、同年度のままであるとすると、維持管理・更新費が投資総額に占める割合は二〇一〇年度時点で約五〇パーセントであるが、次第に上昇し、二〇三七年度時点で投資可能総額を上回り、新規の社会資本投資ができなくなる事態になる。将来を憂えた国交省内の良心的な官僚が執筆したのではないかと思われる。

利根川における現在の河川行政は八ッ場ダム等のダム事業をはじめとして、築堤、河道掘削、大規模な堤防強化、遊水池、ダム再編事業などに巨額の河川予算を使い続けることを前提としている。しかし、これからは上述のように、新規の社会資本投資可能額が先細りしていく時代であるから、早晩、現在の河川行政は暗礁に乗り上げてしまうことは必至であり、その結果として、流域住民の安全を守るために必要な喫緊の対策がなおざりにされてしまうに違いない。

流域住民の安全を真に確保する対策

利根川流域住民の安全を真に確保する対策とは何か。まず、それはダムではない。八ッ場ダムを見ても、それによる洪水位低減効果はいわば流量計測の誤差程度のものでしかない。最近六〇年間で最大の洪水（一九九八年九月洪水）について、岩島地点（ダム予定地のすぐ下流）の観測流量から八ッ場ダムの治水効果を利根川・八斗島《やったじま》地点で計算すると、その水位低減効果は最大に見ても洪水ピーク水位をわずか一三センチ下げるだけである。

この洪水の最高水位は堤防天端から四・五メートルも下にあって、確保すべき余裕高二メートルを大きく上回っていたから、こ

写真2　八ッ場ダムのダムサイト予定地（提供：八ッ場あしたの会）

の洪水では八ッ場ダムがあったとしても何の寄与もしなかったことになる。

八ッ場ダムの洪水ピーク削減効果は、八斗島地点から江戸川、利根川下流へと流れるにつれて、次第に小さくなっていくことが国交省の計算でも明らかになっているので、八斗島地点より下流では八ッ場ダムはさらに意味をもたない。

それでは、流下能力を増強する河川改修が差し迫った対策かというと、そうではない。上述の最近六〇年間で最大の洪水の痕跡水位を見ると、同洪水は利根川と江戸川のほとんどの区間で堤防の天端から四~五メートルも下を流下しており、十分に余裕がある状態であった。利根川、江戸川は大きな洪水が十分な余裕で流れる流下能力がほぼ確保されている。したがって、一部の区間を除き、流下能力増強のための河川改修の必要度は低い。

利根川水系における喫緊の治水対策は、脆弱な堤防の強化対策と、ゲリラ豪雨による住宅地等での内水氾濫への対策である。さらに、想定を超える洪水への備えも必要である。

①脆弱な堤防の強化対策

国交省の調査により、利根川および江戸川の本川・支川では、洪水の水位上昇時にすべり破壊やパイピング破壊（地下水の浸透で穴があく）を起こして破堤する危険性がある脆弱な堤防が各所にあることが明らかになっている。破堤への対策が必要な区間の割合は利根川本川で六二パーセント、江戸川で六〇パーセントに及んでいる。脆弱な堤防では洪水時に河川水が堤内地に漏水する現象が起きることもあるが、それは破堤の前兆である。もし破堤すれば、甚大な被害をもたらすので、脆弱な堤防の強化工事を急いで進めなければならない。

②ゲリラ豪雨による内水氾濫への対策

二〇一一年九月上旬の台風一二号により群馬県南部で記録的な大雨があり、県内で床上浸水一四棟、床下浸水八九棟の大きな被害があった。この時、利根川やその支川からの越流はなく、浸水被害は被災地でのゲリラ豪雨が引き起こした内水氾濫によるものであった。近年はこのようなゲリラ豪雨による内水氾濫がしばしば起きるようになったので、雨水貯留・浸透施設の設置、排水機場の強化など、内水氾濫対策の推進も急務である。

③想定を超える洪水への対策の実施：耐越水堤防への強化

三・一一東日本大震災や、未曽有の雨が降った二〇一一年台風一二号の紀伊半島水害を踏まえれば、利根川においても想定を超える洪水が襲った場合に、壊滅的な被害を受けない治水対策を同時並行で進めなければならない。それは治水計画の洪水目標流量を引き上げて、ダムなどの大きな河川構造施設を次々と整備することではない。そのような施設整備は巨額の予算ときわめて長い年数を要するため、実現が不可能である。想定を超える洪水が来ても、壊滅的な被害を防止できる現実に実施可能な対策が選択されなければならない。

その対策で中心となるのは耐越水堤防への強化である。現在の堤防は計画高水位までの洪水に対しては破堤しないように設計されるが、堤防を超える洪水に対しては強度が保証されていない。壊滅的な洪水被害は堤防が一挙に崩壊した時に生じるので、堤防を超える洪水が来ても、直ちに破堤しない堤防への強化を進めることが是非とも必要である。

耐越水堤防としては、最小限の費用で堤防を強化できる技術を選択しなければならない。鋼矢板やソイルセメント連続地中壁を堤防中心

写真3　川原湯地区の打越代替地（提供：八ッ場あしたの会）

部に設置するハイブリッド堤防が安価な技術であり、上記①への対策も合わせて、このような技術による堤防強化工事を早急に推進することが求められている。

巨大な負の遺産に

以上述べたように、八ッ場ダムの先行きはまだまだ不透明である。仮に事業再開になっても、その完成は遠い先のことであり、その時は首都圏の水道用水の規模はますます小さくなり、八ッ場ダムが利水面で無用の長物になることは必至である。そして、治水面でも八ッ場ダムのような大規模河川事業に巨額の河川予算を注ぎ込み続ける河川行政は、新規の社会資本投資可能額が先細りしていく時代においては、早晩、暗礁に乗り上げてしまうことは必至である。その結果、流域住民の安全を守るために真に必要な対策がなおざりにされ、氾濫の危険性のある状態が半永久的に放置されるであろう。

一方、八ッ場ダムは地すべり等の災害誘発の危険性をつくりだし、かけがえのない自然を台無しにしてしまう。また、紙数の関係で触れることができないが、八ッ場ダムは決して地元の繁栄をもたらすものにはなりえない。ダム湖観光による地域振興は幻想である。さらに、八ッ場ダムの堆砂見込量はかなり過小評価されており、八ッ場ダムができてもその機能を維持できる期間がそれほど長くはない。

八ッ場ダムは事業再開へと舵が切り替えられようとされているが、どのような展開になろうとも、巨大な負の遺産となる八ッ場ダムを本当に造ってよいのか、問い直し続けなければならない。

（水源開発問題全国連絡会共同代表）

欠けていたデュー・プロセス

なぜ八ッ場ダム建設中止は覆ってしまったのか

五十嵐敬喜

◆

一度計画された公共事業は絶対に止まらない？

二〇〇九年の総選挙に勝った民主党政権は、その目指す政策を「マニフェスト」という形で掲げ、国民の信を得て実行するという、自民党政権時代には見られなかった新鮮な政策転換のイメージを披露した。しかし三年が過ぎ、そのマニフェストはほとんど全滅した。その最も象徴的な例が八ッ場《やんば》ダムの復活であろう。

前原国土交通大臣の就任直後の「中止宣言」は、それから二年後に前田国交大臣の「再開」宣言によって覆されたのである。前田大臣の、中止宣言後も一貫して継続を主張してきた面々との万歳三唱の絵図は、まさしく「一度計画された公共事業は絶対に止まらない」という自民党政権の「公共事業不倒神話」を画に描いたように見せつけたのである。「民主党の政策転換」はなぜ頓挫したのか?

政策転換とは

前原大臣の「中止宣言」は、総選挙で大勝利した政党の「マニフェスト」に根拠を置く(政党と国民との合意)という点で、まさしく民主党政権全体による政策転換のアピールであり、その政治的位置付けはきわめて高い。その意味で事の当否を超えて、前田大臣の再開宣言はこの事業を所掌する国土交通省の決定だけでは済まず、民主党三役、ひいては総理大臣によって決着がつけられざるを得なかった。政策の重みだけで言えば、これはある意味正しかったのである。

問題はこのように重い政策転換が、依然として民主党が政権を担当している(政権交代すればもちろん逆転の可能性がある。政権交代とはこのような政策転換を行うことをいう)にもかかわらず、なぜ簡単にひっくり返ったのかということである。そして実は、その答えを出すのはたいへん難しい。子ども手当のように、「財政危機」を理由に政策転換をしたというような形で八ッ場ダム再開の説明をすることはできない。中止宣言は、これらいわゆる「バラ撒き」とは逆に財政規律にも役立つものだからである。ではなぜ再開されてしまったのか。これは日本の政策転換のプロセスを検討しなければわからない。そして民主党政権全体に欠落していた最も大きなものが、政治主導の欠如、具体的にはこの部分の無視ないし軽視だと私は考えているのである。

さて、八ッ場ダムは周知のように一九四七年のカスリーン台風による流域住民の生命と財産に対する甚大な被害を受けて、一九五二年に吾妻川《あがつまがわ》中流に洪水調整と水道用水の確保を目的とする「多目的ダム」として構想された。一九八六年には基本計画が作成され、一九八七年には国土総合開発法による「第四次全国総合開発計画」で閣議決定され、以降、河川法(多目的ダムの建設・管理には特定多目的ダム法が適用されるが、これは河川法の特例を定めたものであり、河川整備には一般法としての河川法が適用されるので、以下、河川法について述べる）によって事業が開始される。

この間、周知のように水没地区を中心に現地では激しい反対運動が続けられてきたが、紆余曲折の末二〇〇一年には移転に合意し、政権交代時の二〇〇九年には移転対象の四七〇戸のうち三五七戸が移転していた。前原大臣による中止宣言は、このように住民の移転が進み道路や鉄道の付け替えなどの周辺工事もかなり進捗し、あとはダム本体工事を残すのみというギリギリのところで行われた。このような現場の状況から言えば、ダムを中止するにはあまりにも事業が進捗しすぎていたという決定的な負荷があったということをまず確認しておきたい。

それはともかく、先ほど見たように、ダム中止宣言は政治的には圧倒的な意味を有し、日本政治の構造転換の象徴とされてきたのである。しかし、大臣が中止すると宣言すればそれだけで即中止になるわけではない。宣言はあくまで政治的に中止の意思があるということを表明するだけであり、これを確定させるためには法的な手続（デュー・プロセス）が必要である。マスコミの多くは必ずしもこの点を正確には報道せず、したがって国民もこの政治宣言だけで即中止と誤解した向きも多いが、この法的手続こそが政策転換の「とどめ」なのだということを強調しておきたい。

この法的手続を進めるにあたって、先の事業の進捗と並んでもう一つ、およそ決定的とでも言うべき重大な障害があった。それは関係自治体（東京都、群馬県、埼玉県、千葉県、栃木県）は首長・議会を含めてすべて工事継続派であるということであり、これがこの法的手続の行方を左右するということを知っておかなければならない。この二つの障害を突破して法的にも決着を付けるにはどうしたらよいか、これを考えようというのが本章のテーマである。

なお、民主党の公共事業政策全体の評価という観点からみると、八ッ場ダム再開宣言は八ッ場ダムの内部的な論理や力学だけで行われているのではなく、環状道路や新幹線など大型公共事業の復活、補助ダムなどの継続、公共事業予算の復活、さらには地方整備局の温存といった一連の復活と軌を一にしていることに注目しておきたい。民主党はダムだけでなく、公共事業全体で後退あるいは変質している。言い換えれば、ダムをめぐる戦いはこの民主党の変質全体との戦いでもあるのである。

河川法改正と「公共事業を国民の手に取り戻す委員会」

政治的中止から法的中止への手法をめぐっては、これまでのダムをはじめとする民主党の取り組みの経緯を見ておく必要がある。これを見れば、前原大臣のダム中止宣言は多分に思いつき的な他のマニフェストとは異なって、長年の政策形成のいわば頂点に花咲いたものであるということがわかる。そしてこの長年の政策形成の歴史の中に障害突破のヒントが隠されているのである。

民主党はその結党当初から「公共事業」を自民党との主要政策対決点として強く意識してきた。二〇〇九年の政権交代まで、ずっとその政策を議員立法として国会に提案し、同時に衆議院、参議院および自治体選挙など各種の選挙でその政策を訴え続けてきたのである。この公共事業との長い戦いの中から、特に本章と関係する一九九七年の河川法改正、および二〇〇一年の鳩山民主党からの「公共事業を国民の手に取り戻す委員会」への諮問と提言を見ておきたい。

1　河川法改正

一九九〇年代は長良川河口堰反対運動を嚆矢として、全国各地で「公共事業」は無駄だという多くの反対運動が起きた時代であった。道路、埋立て、空港などなど。なかでも「ダム」は最も反対が強く、各地で多彩な運動が繰り広げられ、ダニエル・ビアードによるアメリカの「ダム撤去」などの世界各地の情報がこれら反対運動を勇気づけたことも記憶されておくべきであろう。

これを受けて建設省（当時）が河川法改正に動く。河川法は、日本では一八九六年に制定され、これにより近代河川工法が導入されることになった。そしてこれは一九六四年に「治水と利水」を中心とした水系一貫主義の河川法（以下「旧河川法」という）に改正された。この旧河川法の下で、八ッ場ダムでは「利根川・荒川水資源開発基本計画」を上位計画とする「工事実施基本計画」が実施されてきた。建設省は一九九七年になって、旺盛なダム反対運動を前に、河川法の目的に「河川環境の整備と保全」を付け加え、さらに計画決定手続に自治体、住民あるいは有識者などの意見を取り入れるように河川法を改正しようとした。

特に後者は今回のデュー・プロセスの中でも最大の争点となる部分であり、過去の建設省独占のダム行政に対して、「国民各層の参加」はそれ自体として正しい側面を有しつつ、今回のように政府はダムの中止を決断したが、自治体がこれに反対するという局面では逆に機能することになるのである。これは後に詳しく検討したい。

民主党はこのような建設省の提案に対して、次ページの**表1**のように河川環境の持続可能性を強調し、さらにその手続に諮問機関への住民参加などを規定しようとした。この対案は当時の政権与党である自民党によって否決されたが、新たに政権政党となった民主党がまず直視すべきはこの新河川法の功罪であり、当時の対案は今でも大いに参考になるのである。

2 「公共事業を国民の手に取り戻す委員会」への諮問

このような議員立法の提案や新河川法の制定と連動して、公共事業反対運動はますます盛り

項目	改正前	政府案	民主党案
節水対策	規定なし	規定なし	流水の占用者に取水量の計測と河川管理者への報告を義務づけ、必要最小限の占用の努力義務 河川管理者へ水利使用合理化方針の策定義務づけ、策定時に水系委員会の意見聴取義務
水利権許可	河川管理者の許可	同左	河川管理者の許可。この場合、水利権許可基準を策定義務づけ、策定時に水系委員会の意見聴取義務 大規模な水利権許可に関しては個別に水系委員会の意見聴取義務
諮問機関	一級河川は河川審議会（委員は学識経験者・首長より大臣が任命） 二級河川は都道府県河川審議会	同左	一級河川、二級河川ともに水系委員会を設置 委員は首長および河川、環境、生物、地理、都市計画など、農業、利水の学識経験者より河川管理者が任命
諮問機関の情報公開	規定なし	規定なし	委員会の会議はすべて公開 審議に用いられた資料はすべて公開
諮問機関への住民参加	規定なし	規定なし	①水系管理基本方針の策定、変更および②水系管理計画の策定、③その他委員会が必要と認めるものの調査審議については公聴会開催を義務づけ
河川管理の情報公開	河川台帳の作成・閲覧義務	河川台帳の作成・閲覧義務 河川整備基本方針および河川基本計画の公表義務	河川およびダムに関する記録の作成・公表義務 水系管理基本方針の公表義務 水系管理計画の公表義務 水系管理計画の実施状況を毎年公表

（民主党政調作成）

表1　1997年改正前の河川法、政府の改正案、民主党の改正案の対比

項目	改正前	政府案	民主党案
目的・原則	治水、利水および流水の正常な機能維持を目的とする	「河川環境の整備と保全」を加える	多様な河川環境を維持して将来の世代へ引き継ぐ 水系ごとに河川の整備、適正な利用、周辺環境の保全と調和を目的とする 河川環境への負荷は最小限にとどめなければならない
河川管理者	一級河川は国、二級河川は都道府県知事に機関委任	同左	一級河川は国、二級河川は都道府県として、指定にあたっては議会の議決を要する
管理方針（長期計画）	工事実施基本計画 水害の状況並びに水資源の利用の現況および開発を考慮 河川審議会の意見聴取義務 二級河川においては都道府県知事策定、建設大臣認可	河川整備基本方針 水害の発生状況、水資源の利用の現況および開発並びに河川環境の状況を考慮 河川審議会の意見聴取義務 二級河川においては都道府県知事策定、建設大臣認可	水系管理基本方針（10年をめど） 水系全体の治水、利水、親水、環境などを考慮する 基本方針案の公告縦覧義務 住民の意見書提出権 水系委員会の意見聴取義務 水系委員会に公聴会開催義務
管理計画（中期計画）	規定なし	河川整備計画 洪水による災害が発生している区域の災害防止、軽減にとくに配慮 学識経験者の意見聴取義務 必要な場合、公聴会開催可能 関係地方公共団体の意見聴取義務	水系管理計画（5年ごとに策定） 具体的な整備および保全に関する計画案の公告縦覧義務 住民の意見書提出権 水系委員会の意見聴取義務 水系委員会に公聴会開催義務
異常渇水時調整	公共に重大な支障を及ぼす恐れのある場合に河川管理者が調停・斡旋できる	水利利用が困難となる恐れがある場合、河川管理者は水利調整の協議が円滑に行われるよう情報提供を行う義務 公共に重大な支障を及ぼす恐れのある場合に河川管理者が調停・斡旋できる 河川管理者の承認により、水利利用の一時的な融通ができる	水利利用が困難となる恐れがある場合、河川管理者は水利調整の協議が円滑に行われるよう情報提供を行う義務 公共に重大な支障を及ぼす恐れのある場合に河川管理者が調停・斡旋できる 河川管理者の承認により、水利利用の一時的な融通ができる

上がる。二〇〇〇年の吉野川河口堰の「住民投票」、あるいは田中康夫長野県知事の「脱ダム宣言」などはその代表的な事例と言えよう。そしてこれを受けて、二〇〇一年、当時の民主党の鳩山代表は「公共事業を国民の手に取り戻す委員会」(ダム、林野、政治などの専門家による委員会。筆者が座長)に、ダムを含めて公共事業全体をどう整理し再構築すべきか、次のような諮問を行った。

「公共事業を国民の手に取り戻す委員会」への諮問事項

(1)「全総」の抜本的な見直しなど、これまで公共事業神話にもとづいて進められてきた、国の根幹にかかわる公共事業のあり方について

(2)二〇〇〇年の省庁再編に欠けている、公共事業発注官庁のあるべき姿について

(3)無駄な公共事業の削減や公共事業の効率化など、公共事業費を五年で二割、一〇年で三割削減するための具体的方策について

(4)将来に引き継ぐべき貴重な自然環境を再生させるための方策について。具体的には、たとえば計画中のダムの全面的見直しとその代替案としての「緑のダム構想」の実現可能性および理論的裏付けについて

(5)公共事業のあり方を定める「公共事業基本法」など、これまで取り組んできた「公共事業コントロール法」を基礎とした、公共事業に係る体系的な法整備について

(6)公共事業の中止によって当該地域が被る損失の補償と新たな地域振興策について

これに対して同委員会は政策提言を行い、民主党はこれらを議員立法として実行に移していった。これ以前の社会党が野党第一党だった頃の何でも反対一辺倒の時代とくらべて、ようやく日本にも政策を競える野党が誕生したと言える。そしてこれが政権交代に繋がるのである。

公共事業に関する民主党の議員立法

（1）公共事業基本法案

①国の行う公共事業を限定する。

②公共事業に関する「総合計画」「事業計画」を国会承認事項とする。

③事業の再評価・事後評価を法律で定める。

④特定財源制度を廃止する。

（2）全国総合開発計画廃止法案

全国総合開発計画の根拠法である国土総合開発法を廃止する。

（3）公共事業総量削減法案

二〇〇一年度の公共事業関係予算を基準に、二〇〇二年度から二〇〇六年度の公共事業関係予算を、いずれも対前年比で六パーセント削減する。

（4）公共事業一括交付金法案

①公共事業に係る補助金を「一括交付金」にする。

②個々の自治体の二〇〇二年度の交付額は、一九九七年度から二〇〇一年度にそれぞれの自治体が交付された公共事業関係補助金の平均額とする。

③一括交付金は、地方への税源移譲と交付税制度の抜本的改革を行う際に廃止する。

（5）緑のダム法案

①すべてのダムを一時休止にして二年以内に再評価を行う。

②再評価の結果、ダム事業を中止するには、治水代替策として国の財政負担によって、「緊急森林整備事業」を行う。

③ダム計画によって長期間苦しめられた地域・住民の再活性化を図るため、「再活性化計画」を定める。

当時この委員会で事務局担当として大活躍したのが前原議員であり、前原議員は一貫してこれら法案の取りまとめを行い、かつ国会等で政府を追及してきた。これら国レベルでの活発な動きを受けて、ダム反対運動は二〇〇八年の熊本県知事による川辺川《かわべがわ》ダム白紙撤回、二〇〇九年の大阪、京都、滋賀の淀川水系・大戸川《だいどがわ》ダム中止など大きな盛り上がりを見せた。民主党のマニフェストの、①大型事業の全面的見直し、②コンクリートから人へ、③一四三のダムの全面見直し、④道路の新規着工や拡幅の停止、⑤予算の一四パーセント削減、⑥地方整備局の解体という公約は、これら運動総体を集約したものであり、八ッ場ダム中止宣言はこれら全体の政策変更のシンボルでもあったのである。

ダムをめぐる内外環境

このような民主党がなぜ変質し、後退していったのか。これは最も大きくは「民主党」とは何なのかという問いに帰着する。しかし、それに答えることは本章の枠を超えるので、八ッ場ダムに限定してフォローすれば次のような点を指摘できるであろう。

1　有識者委員会と点検組織

八ッ場ダムは旧河川法のもとで計画され、その事業は新河川法制定後も旧河川法の工事実施基本計画のまま運用（みなし規定）されていた。前原大臣は法的に中止を完結させるためには、それぞれの担当部門に対し八ッ場ダムにかかわる「河川整備基本方針」（長期的な観点にたって定める河川整備の最終目標。国土交通省が社会資本整備審議会河川分科会の意見を聞いて定める）

と「河川整備計画」（中期的な整備の内容を定めるもので計画対象期間として二〇ないし三〇年が目安。各地方整備局が学識経験者、地域住民、関係都道府県知事の意見を聞いて定める）の改定を諮問する必要があった。

しかし前原大臣は、なぜかこのような新河川法にもとづく正式な手続によらず、大臣の私的諮問機関としての「今後の治水対策のあり方に関する有識者会議」（座長・中川博次京都大学名誉教授）を設置し、『『できるだけダムにたよらない治水』への政策転換を進めるとの考えに基づき、今後の治水対策について検討を行う際に必要となる、幅広い治水対策案の立案手法、新たな評価軸及び総合的な評価の考え方等を検討するとともに、さらにこれらを踏まえて今後の治水理念を構築し、提言する」よう要請した。同会議は二〇一〇年、これに答えて「安全度（被害軽減効果）、コスト、実現性、持続性、柔軟性、地域社会への影響、環境への影響、流水の正常な機能維持への影響」による点検を報告し、以降、関東地方整備局がこの点検作業を担当する、ということになった。

まずミクロ的に言えば、前原大臣が新河川法による正式なルートではなくいわば迂回路的なルート（正式な組織である社会資本整備審議会河川分科会はこれまでダムを推進してきたので、そのままでは諮問できないといった事情も推測される）を採用したというその決断が、今回の挫折の出発点となっている。これと先ほど紹介した長野県、熊本県あるいは大阪・滋賀・京都などダム中止に導いたところの組織論や方法論をくらべてみよう。

①ダム中止に導いたところでは、手法はさまざまだが、ダム反対派と賛成派、また専門家も住民も自由に意見を述べる場がつくられ、会議は公開されていた。しかしこの有識者会議は、賛成派および反対派を除いた「中立」的な専門家と称する人びとで組織されたものの、実質的には賛

成派がほとんどで、会議は非公開であり、住民や専門家が広く意見を言う機会は閉ざされていた。

②中間報告にいう指標にもとづいて国交省（関東地方整備局）が点検を行った。しかしこれは誰の目にも明らかなように、ほとんど漫画に近い組織論というべきであろう。国交省は大臣が中止宣言をしたからすぐそれに従うというような軟弱な組織ではない。国交省はダム推進組織であり、ここに点検させるということは初めからゴーサインが出ていることと同じであった。民主党の一枚看板であった「政治主導」はここでも見せかけだけのものに終わり、まさしく官僚主導が、それを紛らわすために、いかにも中立的で学問の殿堂のようにみられている「学術会議」などを巻き込むといった操作などを含めて実に巧妙に展開されたのである。

もう一つこの政治主導について付け加えておけば、長野、熊本、大阪などの三府県ではいずれも知事が強力なリーダーシップを発揮したのに対し、民主党では前原大臣から始まって、馬淵、大畠そして前田と四人の大臣が交代し、その誰もが充分に時間を割く余裕が与えられていなかった。これも「政治主導」を無力化した大きな要因である。

③点検は主として「関係自治体」の意見を聞くという形で展開されている。しかし、この関係自治体こそ当初から最も熱烈な、そして強力な推進部隊であり、ここではまさしく「自治体の意見を聞く」という新河川法のルールによって美事に「ダム再開」が推進されていったのである。自治体も、そして住民も、必ずしもダム中止に前向きではないということに留意しなければならない。こうして前原大臣は自分で作ったルールによって自らの首を絞めていった。しかし、この責任を前原大臣一人に背負わせるのはフェアではない。ダムについては民主党の誰が大臣になってもさらにきつい試練が待ち受けていた。この論点がダムをめぐる次の民主主義の根幹にかかわる環境である。

2　選　挙

このような政府内部のシナリオに決定的な影響を与えるその他の要因がある。その一つは選挙であり、これは民意を反映する。もう一つは裁判（司法）であり、これは政治が何を決めようとそれが「違法」であれば実施できない、「合法」と判断されれば中止は容易ではなくなるという意味で決定的なものである。この二つの部門で民主党あるいは市民が勝利していれば、政治的中止を法的中止に連続させることは比較的容易であった。しかし、結論から言えば、この双方でも民主党と市民は苦杯を喫しているのである（**表2**）。

①二〇〇九年八月三〇日の第四五回衆議院議員選挙。この選挙は民主党が政権交代を実現した選挙であるが、民主党は候補者を立てられず群馬県および地元長野原町では自民党候補が圧勝した。

②二〇一〇年四月の長野原町長選挙では、再開を要請している現職町長以外に立候補者がな

表2　地元長野原町の各選挙結果

2009年8月30日の第45回衆議院議員選挙

		群馬5区得票数	長野原町得票数
小渕優子	自民（公明推薦）・前	152,708	2,986
土屋富久	社民・新	53,048	661
生方秀幸	幸福実現・新	9,406	128

2010年7月11日の第45回参議院議員選挙

		群馬選挙区得票数	長野原町得票数
中曽根弘文	自民・前外相	558,659	2,405
富岡由紀夫	民主・党県会長	287,934	609
店橋世津子	共産・元前橋市議	757,92	209

2011年7月3日投票の群馬県知事選挙

		群馬県全体得票数	長野原町得票数
大澤正明	無所属	392,504	1,997
後藤新	無所属	148,790	283
小菅啓司	共産	33,355	85

く、無投票で再選された。

③二〇一〇年七月一一日の第四五回参議院議員選挙では、民主党対自民党の対決となったが、ここでも自民党候補が圧勝している。

④二〇一一年七月三日投票の群馬県知事選挙。これは先ほど見たように、関係自治体としてダム再開の成否を握る。ここでも再開を強く主張する現職知事が圧勝した。

つまり、選挙に示された地元の民意をみると、すべて中止の撤回であり、首長選挙だけでなく議会選挙でもおおよそ同様となっている。マニフェストは全国的には承認されたが、地元および関係団体のところではまったく逆であったのである。

3 裁判

八ッ場ダムに関しては、ダム反対派が、地元自治体が支払うダム建設のための直轄負担金は違法な支出に当たるとして東京地方裁判所など五つの裁判所に提訴している。司法がこのダムをどうみるか、三権分立の一翼としてその動向は大いに着目された。仮に原告住民らが勝訴すれば前原大臣の政治的中止宣言は、法的に大きなバックアップとなる。これがどうなっているか、その一つ、東京地方裁判所の判決（二〇〇九年五月一一日）とその争点を簡単に紹介しておきたい。

原告住民は、第一に東京都が二〇一三年度における計画一日最大配水量を六〇〇万トンと推計し、将来の保有水源量を日量五九〇万トン程度必要だと評価するのはあまりにも過大であり、将来人口は減少することは明らかであるから、このような過大な予測を前提にして水源確保が必要だとして八ッ場ダム事業の建設負担金を負担することは、地方自治法、地方財政法、地方公営企業法の定める効率性の原則に違反し、違法な財務会計行為であると主張した。裁判所はこれに対して、「合理的な裁量の範囲内」であると一蹴している。

次の、利根川の「治水目標流量」は過大であるという原告住民の主張に対しても、「不合理とは言えない」とし、さらに、「地すべり対策が不十分」という主張に対しても、「現時点において完成後のダムが危険であるというためには、地すべりの発生する可能性がある個所で、地すべりの発生を防止するために必要な対策工事を行うことが不可能であるか、そのような対策工事を行わないことが確定している場合に限られる」としてことごとく原告住民の主張を排斥し、他の裁判所も同様な判決を下した（原告側は控訴している）。つまり裁判所は利水・治水・地すべりというこのダムの根幹的部分についてすべてダム推進側の言い分を認めているのである。

何をなすべきか

以上のようなダム中止をめぐる内部および外部の環境をみると、中止宣言の当初から、政治的中止を法的中止に高めることは至難中の至難であったということがわかる。しかもこれらの困難は事後的に出現したものではなく、すべて事前に予測されていたものであり、またその通り進行したのである。ダム再開はそういう意味ではまさしくこのようなシナリオが的中し、これを論理的にも、また政治的にも覆せなかったということであろう。では、どうしたらよいか、とりあえず私の案を順を追って提示しておきたい。なお、この提案は八ッ場ダムに限らず、すべての公共事業の政策転換に不可避なものである。

1　まず何といっても情報の全面公開と説明責任が問われる。先のダムを中止した自治体の実験を見ると、どこでも多くの情報が提供され、かつ中止の理由をきちんと説明しているのに対し、民主党の対応をみると、前原大臣の中止宣言、有識者会議の非公開、そして前田大臣の再開決定まで情報は閉ざされ、中止の理由もまた再開の理由もほとんど説明されていない。いわば闇の中でそれぞれの関係者の「腹」の中で事は進められたのである。

2　法的に中止するためには現河川法では少なくとも河川整備基本方針や河川整備計画を変更しなければならない。その際の問題は、これを担当する社会資本整備審議会河川分科会などのメンバーが従来のままとなっていることである。民主党は政権をとり、各省庁に大臣、副大臣などは配置したが、官僚およびこれら審議会メンバーについてはほとんどノータッチである。これはダムに限らず全省庁の審議会について同様であろう。

民主党が政権交代の果実を上げられない最大の理由は、ほとんどの国会議員が政策転換とは最終的に法律を改正することだということを認識していない、あるいは党全体で共有していないことにある。官僚や審議会は時に自らの意図に反する政治主導に反抗し、サボタージュし、妨害する。八ッ場ダム再開宣言の後、市民はダムを再開するための条件として新たな「河川整備計画」が必要だと突き上げたが、これも国会議員の無関心さを示す証拠である。本来、これは再開に対する法的な手続の要請として国会議員が踏ん張るべきであった。これなども政治主導の手薄さを示す一つの事例である。本来ならこの整備計画を創ったうえで予算を考えるという順序にならなければならないのにこれが逆転している。

3　「公共事業を国民の手に取り戻す委員会」では、先に見たようにコンクリートのダムに替えて「緑のダム」を提言したが、その変更にあたっては新しい「地域再生のビジョン」を創ることを条件にしている。また、中止によって不利益を受ける人に対する補償、中止後の当該地域の再生のためのビジョンとプログラム、その財源およびそれら全体を考慮した生活再建法の制定などが必要となると指摘した。前原大臣も当初そのような法律を創ることを口にしていたが、これもいつの間にか消えてしまった。その結果、何らの手当もなしに中止が、そして再開が迫られる。

住民にとまどいや不信感を与え、ダム推進派の勢いを加速させた。

4 八ッ場ダム再開宣言は、ダムについてだけ見られる後退現象ではない。先に見たように民主党政権は膨大な予算と長い年月を要する環状道路、新幹線などの大型事業を次々に再開させた。しかしこれは誰が見ても、これまで主張してきた民主党の政策とは異質で真反対な政策である。

東日本大震災で復旧・復興のために莫大な予算を必要としている時に、緊急性のないこれら事業を凍結し、その予算を復興・復旧費に回すべきだという声は決して一部の者だけの声ではなく、ほとんどの国民の合意するところであろう。日本は少子・高齢化時代に入り、今後ほとんどの新規公共事業は無駄となり、これまでの施設の維持保全すらままならない状態になっていくということも自明である。ダムに関して言えば、国民は人工的な防御策では決して命は守れないことを今回の災害で学んだ。流域住民の減少は水の使用を減らしていくことも確実なのである。したがって、これら日本全体の国土条件や国民意識、あるいは財政状態などを点検し、今後の公共事業の在り方を提示し、これを具体化する「公共事業基本法」(日弁連「公共事業改革基本法(試案)」〔二〇一二年〕など参照)などの法律の策定を表明し、公共事業政策変更の法的担保を国民にアピールしなければならない。

そしてこのような全体的な方向性や道筋を説明しつつ、民主党が新河川法制定の際に対案として示した「水系委員会と住民参加」という新しいデュー・プロセスの中で、今回のダム点検を行っていたら、先に見た内部・外部のさまざまな障害を乗り越えて、政治的中止から法的中止にたどり着けたはずだ、と私は今でも確信しているのである。

(法政大学教授)

有識者会議という虚構

ダム事業推進の陰の立て役者か

遠藤保男

◆

二〇一二年四月二六日、国土交通省本庁舎にて

二〇一二年四月二六日一七時すぎの国土交通省は異様な雰囲気に包まれていた。

この日、一八時から一一階の特別会議室で「第二二回今後の治水対策のあり方に関する有識者会議」が開催され、石木《いしき》ダム建設推進にお墨付が与えられることが危惧されていた。

この会議に向けて、石木ダム建設絶対反対同盟のメンバーは記者会見をもち、その後に有識者会議の傍聴を予定していた。

石木ダムとは、長崎県が川棚町《かわたなちょう》内の川棚川の支流、石木川に建設予定の多目的ダムで、生活の場と自然環境を同ダムによって奪われることを拒否する地元住民が石木ダム建設絶対反対同盟を結成し、三、四代にわたって反対運動をくり広げているのである。

この日の有識者会議で、ダム建設を推進したほうが治水・利水上、また財政上よろしいとした長崎県の検証結果が追認されてしまうと、長崎県が国に申請したものの九州地方整備局が審査手続を凍結している土地収用法に基づく事業認定処分に絶好の口実を与えてしまい、自分たちの居住地を奪い取られてしまうことに直結する。どのような審理が行われるのか、自ら立ち会って見守ることを彼らは切望していた。

しかしながら「今後の治水対策のあり方に関する有識者会議」は非公開を貫き、国交省に傍聴希望者を実力排除させ、開催された（**図1**）。

会議では、石木ダム事業について、ある委員から、同会議が二〇一〇年九月に公表した「『今後の治水対策のあり方について　中間とりまとめ』の共通的な考え方に即していない」という指摘があったが、中川委員長は「これまでもすべてが『中間とりまとめ』の共通的な考え方に即していたわけではない」とし、これまで「この会議は検証検討報告が中間的な考え方に即しているか否かを判断するだけである」と言っていたことをすべて反故にする発言をした。

さすがに委員からの反論を無視することもできず、「事業に関して様々な意見があることに鑑み、地域の方々の理解が得られるよう努力することを希望する。」との意見を付しながらも、結局、長崎

傍聴を阻止する国土交通省の職員。さらに私たちにはトイレに行くのにも一人ひとりに職員３名が監視に付き、それは会議終了後、地下鉄改札口まで続いた。動員された職員150名以上。左端が阻止線の責任者。

会場の11階に到着すると、通路はすべて封鎖されていた。各所に20名もの職員でピケを張り、私たちの移動を阻止する。背後にも同数以上の職員が包囲している。

写真1　第22回今後の治水対策のあり方に関する有識者会議にて（2012年4月20日）

県の検証結果である「石木ダム建設継続」にお墨付を与えたのである。

国民の傍聴希望を実力排除して守ろうとしたものは何か

なぜ、この有識者会議は非公開なのか。

その答えは、衆議院の質問主意書に対する答弁書（内閣衆質一八〇第一一三号　平成二四年三月一三日）に記されている。この質問主意書は同年二月二二日開催予定であった同会議の傍聴希望を受け入れることなく流会にしたことへの質問に対する答弁書である。当該部分は次のようになっている。

有識者会議の公開については、有識者会議の座長が有識者会議の委員の意見を踏まえ定めており、要望への対応は座長に一任することが委員の間で合意されていた。

有識者会議は、忌憚のない意見交換を行うために原則として非公開で開催することとされている。なお、平成二二年九月二七日以降に開催された有識者会議については、座長が委員の意見を踏まえ、報道関係者に公開することとしたところである。

これを読むと、「忌憚のない意見交換を行うため」ということだけが非公開の理由である。第二二回会議に限れば、土地収用法を適用して地権者を追い出すことを追認する場であったから、「ダム予定地の地権者」を同席させては「忌憚のない意見を言えない」ので、ダム予定地地権者を実力排除したことになる。

「今後の治水対策のあり方に関する有識者会議」の致命的問題点

二〇〇九年九月、民主党政権が誕生した。この政権は、「ダムに依存した治水・利水」から「できるだけダムに依存しない治水・利水」へと政策転換に踏み切ったのであるから、国民的課題としてそれは取り組むことになる、はずだった。

当時の前原国土交通大臣は同年一二月三日に、政策転換を実現するべく、その理念・手法を検討する「今後の治水対策のあり方に関する有識者会議」を設置した。期待感を十分に込めた発足ではあった。

しかし、有識者会議は発足当初から致命的な二つの問題を抱えていた。

一つは、有識者会議メンバーの構成である。いわばダム依存河川行政懐疑派の有識者がほとんど含まれていなかった。私たちは「この委員構成ではダムに依存しない治水・利水を目指すことはできない」と前原大臣に強く抗議して人選のやり直しを求めたが、「ダム推進派、ダム否定派は委員にふさわしくない」として前原大臣は聞き入れなかった。

今ひとつが、会議の非公開である。第一回議事録には「できるだけ忌憚のない意見交換を行う場にすべきだという観点から、会議の非公開については了承いただいた。」と記されている。

この二つは、国交省官僚による「政策転換」拒否の仕掛けであった。前原氏はこの仕掛けをあまりに甘く見ていたのではないか。

この会議の目的は、同会議規約第二条に次のように記されている。

（目的）
第二条　「できるだけダムにたよらない治水」への政策転換を進めるとの考えに基づき、今後の治水対策について検討を行う際に必要となる、幅広い治水対策案の立案手法、新たな評価軸及び総合的な評価の考え方等を検討するとともに、さらにこれらを踏まえて今後の治水理念を構築し、提言することを目的とする。

京都大学名誉教授で、脱ダムの方向を示した淀川水系流域委員会の会長を務めた経験をもつ今本博健氏は、この目的について、「治水理念構築よりも対策案立案が先行している。本来は治水理念の構築が優先され、その理念を実現するための対策を立案することになる。順序が逆転している。」と指摘している。

現状追認でしかない有識者会議

そして、今本氏が指摘した優先順位逆転のあり方が、有識者会議が進むにしたがって顕著になっていった。国交省は二〇一〇年九月、ダム事業者に対して、あらためて推進しているダムの検証検討を求めた。それは国交省が作成・配布した「ダム事業の検証に係る検討に関する再評価実施要領細目」に基づく検証検討であった。

その細目には、次に示すように、検証検討本来の目的『できるだけダムにたよらない治水』への政策転換」が一切記されていなかった。

第一　目的

本細目は、「国土交通省所管公共事業の再評価実施要領（以下「実施要領」という。）」に基づき、平成二二年九月から臨時的にかつ一斉に行うダム事業の再評価を実施するための運用を定めることを目的とする。

そして、実際の検証検討作業は、①事業の必要性を検証した上で、②ダムなしの代替案をいくつか立てて、③従前のダム事業案と複数の代替案それぞれの実現性、事業費等の経済性などを踏まえ、④それぞれの総体的な評価を行い、⑤その中で最も有利な事業を選択して国土交通省に報告する旨が記載されていた。

「事業費等の経済性」の評価にあたっては、現事業の残事業費と代替案事業費との比較とされているので、進捗度が高い事業が高い評価を受ける構造になっている。

検証検討の手法として、ダム事業である関係自治体と事業者による検討の場での意見聴取に重きが置かれたことから、事業の必要性については「既に確認済み」とされて見直されることはなく、「早期完成」というダム事業推進の合唱の場になった。

これまでの方向に批判的な意見が審理の俎上に上がる場はなかった。各事業者から国交省に報告された検証結果は、中止・継続共にそれまでの方向性を踏襲したものばかりであった。事業者がダム推進であれば、「見直したがやはりダム」という検証結果報告が相次いだのである。

再評価実施要領細目では、住民の意見・有識者の意見を聞くことも事業者に求めてはいた。事業者による検証検討結果報告素案に対する流域住民からのパブリックコメント募集、ダム予定地住民等関係者の意見発表（公聴会開催）等を実施している。しかし、すべてが「聞き置く」に終始し、パブリックコメント、公聴会ともに「細目に書かれていることはやりました」、「流域住民・関係者からのご意見はいただきました」という扱いにしかならなかった。

この検証検討作業は、国交省の公共事業の再評価実施要領に基づくとされていたことから、各事業者はそれぞれの事業評価監視委員会に検証検討結果を報告し、了解をもらうことになっている。しかし、それぞれの事業評価監視委員会で委員が事業者の報告に異論を出しても、同委員会委員長が再調査等を求めることはなく、事業者の報告を追認するかたちでまとめるのみであった。各事業評価監視委員会も事業者が委員を選任する構造なので、追認機関として機能する。当該事業にチェックがかかることはあり得ないのである。

こうして各事業者から提出された検証検討結果について国交大臣は、①事業者から受けた報告を有識者会議にかける、②有識者会議の意見を受けて直轄ダムと水資源機構事業ダムについては今後の方針を、③補助ダムについては補助金交付継続か中止を、決める。

二〇一二年九月三〇日現在の進捗状況は**表1**のとおりである。国交大臣はこの有識者会議からの報告を受け、そのまま追認して各事業の方針を決定していることが示されている。

これまでに有識者会議が国交大臣にあげた意見は「有識者会議が示した考え方に沿った検証がなされている。」のみであった。それを受けた国交大臣の方針決定が「継続」であれば、その理由は「今後の治水対策のあり方に関する有識者会議のご意見を踏まえ、検討内容は、『中間とりまとめ』についてのパブリックコメントを行った際に有識者会議が示した考え方に沿って検討されたものであると認められる。社会経済情勢等の変化を踏まえた検討結果に基づく検討主体の対応方針（案）『継続』は妥当であると考えられる。」である。大臣の方針決定が「中止」である場合は、決定理由は上記理由の「継続」が「中止」に置換されているだけである。

表1　検証検討結果の報告と国交省の対応方針（2012年9月30日現在）

	検討主体		国交省対応方針		
	中止	継続	中止	継続	未定
直轄ダム	2	3	2	3	0
補助ダム	12	22	12	22	0

ダム事業の検証検討で見えてきたこと

政策転換が頓挫しつつある一番の原因は、ここまで見てきたように、政策転換の公約を形骸化する国交省官僚の手練手管に抗する術を国交大臣がもてなかったことにある。

その次は、知事たちによる反乱である。これには地方分権を標榜する民主党政権は有効な対策をとることができなかった。

前原大臣は、小豆島の内海《うちのみ》ダム再開発事業者である香川県知事から、「河川法に基づく補助事業への補助金中止は違法」とのクレームに反論できず、「期待権の尊重」という理由で、二〇〇九年度中に本体工事契約手続に入っている事業は検証対象外とした。二〇〇九年度内ぎりぎりに本体工事契約手続をしたダム事業が五つある。すべて補助ダムである。

その中には、水源開発問題全国連絡会の仲間たちが反対運動を展開している長野県長野市の浅川ダム（事業者：長野県）、香川県小豆島町の内海ダム再開発（同：香川県）、熊本県天草市の路《ろ》木《ぎ》ダム（同：熊本県）が含まれている。

浅川ダムは、治水目的がまったくの筋違いである上に、事業地の地盤が劣悪で完成後の大災害が心配されている。内海ダムの再開発は、治水・利水両目的に根拠がなく、名勝寒霞渓《かんかけい》の自然・景観を破壊するだけの事業である。反対派地権者の地権を土地収用法を適用して強奪した事業である。路木ダムは、治水の根拠となる洪水被害がなく、また利水の必要性もない、でっち上げられた事業である。

八ッ場ダムに関する政府の二つの誤り

国交省は、ダム事業検証検討の実施を発表したときに、川辺川《かわべがわ》ダムについてはダム事業中止を前提とした取り組みが地元市町村・熊本県・九州地方整備局で進行していることから検証検討事業から除外した。

一方、八ッ場《やんば》ダムについては、受益予定一都五県の知事全員が建設中止を拒否したことから、検証検討対象ダムにせざるを得なかったのだろう。しかし、八ッ場ダムについて政府は、「ダム事業中止を前提とした取り組みを行う」として検証検討対象から除外して、事業予定地住民と十分に話し合うことを選択するべきであった。これまでダム問題で苦しめてきたことを誠心誠意わび、八ッ場ダムを中止しなければならない理由をていねいに説明し、生活再建について要望を十二分に聞くということから始めるべきであった。

政争化したことで水没予定地域社会を超限界集落に追い込んでいる一都五県知事と民主党には真摯な総括が必要である。

国交大臣は、八ッ場ダム事業の治水面の根拠としている基本高水流量に呈されている疑義への対応として、日本学術会議に「河川流出モデル・基本高水の検証に関する学術的な評価」を求めた。

日本学術会議は「河川流出モデル・基本高水評価検討等分科会」を設置して公開のもとで会議をくり返した。しかしながら、従前の「八斗島《やったじま》地点基本高水流量二万二〇〇〇立方メートル／秒」に出されている多くの疑問に答えることなく、これを追認した。

政府からの資金をふんだんに受けている学者たちが集まって、政府に対して政策提言を行ってきた日本学術会議が、政府＝行政が実践してきたことを根底からひっくり返すようなことができないことを当時の馬淵大臣は知っていなかったのだろうか。これまた有識者会議人選や非公開同様、国交省官僚の知恵なのであろう。

これから私たちが目指すもの

ムラを解体しよう

国や行政がその目的を達成しようとしたとき、異論反論には耳を貸さない。政・官・財・学・マスコミからなる軍団を形成して、事業目的達成に邁進する。その軍団を「ムラ」という。原子力発電の世界、ダム建設の世界、共にこのムラ構造は共通している。

そしてムラには、見かけ上の第三者機関として有識者会議や委員会が設置されている。この有識者会議は、行政がその目的を遂行できるようにしか機能していない。先ずはこの有識者会議の類の完全公開を勝ち取ろう。誰がどのような意見を言ったのかを白日の下にさらそう。その会議が開かれる都度、傍聴者との意見交換を保証させよう。議事録には発言者名を明記させよう。

ダム事業が中止となっても困る人がいないようにしよう

事業予定地の住民、ダム建設会社とその関連会社の従業員、受益予定地住民……、こうした人たちがダム中止になっても困らないようにしたい。そのためには産業構造の変更、公共事業の中身の変更、自立した地域社会の構築などが必要である。これらはすべて、多くの人と連帯してこそ可能なことである。これには国や地方自治体も真剣に取り組まなければならない。

自分の居住地、身近な環境に関心と愛着をもとう

ダム反対運動が成功した徳島県の旧木頭村《きとうそん》の住民は、既存ダム上流の堆砂による洪水被害頻発に泣かされてきた。山紫水明な故郷、鮎の棲む那賀川《なかがわ》をこよなく愛していたから、細川内《ほそごうち》ダムに反対した。

川辺川ダムを中止に追い込んだ熊本の住民は、球磨川《くまがわ》・川辺川に愛着と誇りをもっていた。そして球磨川水害常襲地域の住民は、ダムによる洪水調節が急激な水位上昇の原因であることを身

をもって知っていた。

石木ダムを実力闘争ではねのけ続けている石木ダム建設絶対反対同盟は、自分たちの生活の場に強い愛着と誇りをもっている。

ダムが洪水を防ぎ、水の供給に利するという〝ダム神話〟から決別しよう。私たちを日々育んでいる生活の場、それへの愛着と誇りが、まったく無駄なダムを阻止する原動力であることは間違いない。

政権交代は果たせたものの、三年足らずでダム依存河川行政からの脱却は絶望的になってしまったように見える。脱原発も危うい。それはなぜなのか、それをしっかりと総括したい。

（水源開発問題全国連絡会共同代表兼事務局長）

市民の意思をどう反映させるか

米国の仕組みと日本の仕組み

まさのあつこ

八ッ《やん》場《ば》ダム建設計画をめぐる一連の政府与党の迷走ぶりをみると、市民の意思を反映させる仕組みがないことに大きな問題がある。

市民の意思を行政が立てる計画や事業にどう反映させるかは、八ッ場ダム、ひいては河川行政に限らない課題である。日本だけの課題でもない。どう変えれば市民の意思が反映されるようになるのか、つねによりよい事例から学び、ヒントを得る努力が必要である。

ここでは、米国の事例に注目し、日本の仕組みのどこに問題があり、どのような仕組みに変えていけばよいのかの参考にしたい。

コロラド川のグレンキャニオンダムにおける〝参加〟

例に取り上げるのは、米国コロラド川で実践されている「協働的順応管理（ＣＡＭ：Collaborative Adaptive Management）」と呼ばれるやり方である。

コロラド川は、北米大陸西側中央を南北に伸びるロッキー山脈を源流に、コロラド州、ニューメキシコ州、ユタ州、ワイオミング州、下流はアリゾナ州、カリフォルニア州、ネバダ州と七州を流れる巨大河川である。その中流、ユタ州とアリゾナ州の境目に一九五六年から一九六三年にかけて建設されたのが、グレンキャニオンダムである。このダムの放流量の配分をめぐってはダム建設当初から利害の対立があったと言われる。

グーグルアースによる衛星写真で見ると、その利害対立の背景が見えてくる。グレンキャニオンダムの近辺には、人口わずか七〇〇〇人強の町、アリゾナ州ページがあるだけで、グレンキャニオンダムの上流には、堰き止められたコロラド川が砂漠の真ん中で巨大な湖を出現させている。下流には、やせ細った川が一〇〇キロメートル以上続き、その先にグランドキャニオンが刻まれている。

米国連邦議会は一九九二年に、グレンキャニオンダムの運用方法を決定することを目的に「グランドキャニオン保護法」を制定する（六四〜六五ページ参照）。この法律によって、政府が独断で管理方法を決定する従来のやり方をやめ、「協働的順応管理（ＣＡＭ）」の手法を導入した。

ＣＡＭとは、新たな情報や生態系や社会状況の変化に応じて、利害関係者と協働する住民参加

写真１　グレンキャニオンダム

の手法だ。じつは、日本でも二〇一〇年三月一六日に閣議決定された「生物多様性国家戦略二〇一〇」の中で、「人間がその構成要素となっている生態系は複雑で絶えず変化し続けているものであることを認識し、その構造と機能を維持できる範囲内で自然資源の管理と利用を順応的に行うことが原則です。このため、生態系の変化に関する的確なモニタリングと、その結果に応じた管理や利用方法の柔軟な見直しが大切です」（傍点は筆者）と盛り込まれた。国際条約の世界では標準となった考え方だが、具体的な実践例があがっているとは言えない状態にある。

一方で米国で「グランドキャニオン保護法」に盛り込まれたCAMには、河川官僚の裁量で河川の管理方法が決定してしまう日本とは圧倒的に違う特徴がある。

特徴1　住民参加の強力なツールである国家環境政策法の存在

特徴の一つは、この法律以前に制定された国家環境政策法（NEPA）の存在だ。

NEPAは、「この法律の目的は、国家政策を宣言することにある。人と環境の生産的で喜びに満ちた調和を奨励し、環境や生物圏への損害を回避または除去し、人びとの健康と福祉を増進させる努力を促進し、国家にとって重要な生態系や自然資源への理解を高めるためであり、そして「環境の質に関する委員会」を設立するためである」（筆者訳）と、議会としての崇高な理念を述べた前文から始まっている。

この法律の中に、日本でいう環境影響評価法のもととなる制度が盛り込まれている。連邦政府が支出する事業や許認可を与える事業、すなわちあらゆる政策、計画、事業を対象に、環境影響を回避、軽減することを求める制度だ。未解決の利害対立があれば、連邦政府は、自らの行為に対しても代替案を提示していくことを要請している。

運用されるよう、権限を行使しなければならない。

(2) 長官は、(1) の基準と運用計画を採用した時から毎年、1968年コロラド川水系事業法602 (b) 条で指定された報告に加えて別途、コロラド川流域の議会や知事に報告することを求めている。

(3) 長官は、1968年コロラド川水系事業法602 (b) 条に記述された基準や運行計画を策定する際に、コロラド川流域の州知事および以下を含む一般公衆と協議を行わなければならない。

・学界・科学界の代表
・環境団体
・娯楽業界
・グレンキャニオンダムで発電される連邦の電力を購入する企業

(d) 議会への報告。長官は、(c) に基づく長期的な運用の導入にあたって、議会に対し (a) の環境影響評価書および悪影響を軽減するための合理的な措置について記述した報告書を提出し、グレンキャニオンダム下流のコロラド川の自然、娯楽、文化資源の状況を改善しなければならない。

(e) 費用配分。内務省長官は、エネルギー省長官と協議し、グレンキャニオンダムの建設、運用、維持管理、更新、緊急時の費用配分を見直し、1802条に指定された目的と1956年コロラド川貯水事業法で設定した目的に沿うようにしなければならない。

○1805条　長期モニタリング

(a) 長官は1802条に基づいてグレンキャニオンダムを運用するために、長期的なモニタリング事業および活動を整備・実施しなければならない。

(b) 長期モニタリングには、1804 (c) 条に基づく長官の決定によるグレンキャニオンダム下流のコロラド川の自然、娯楽、文化資源への影響を見極めるための研究調査を含む。

(c) モニタリングは (a) に基づいて以下との協議で決定し導入しなければならない。

・エネルギー省長官
・アリゾナ州、カリフォルニア州、コロラド州、ネバダ州、ニューメキシコ州、ユタ州、ワイオミング州知事
・先住民族
・学界・科学界の代表、環境団体、娯楽業界、グレンキャニオンダムで発電される連邦の電力を購入する企業を含めた一般公衆

＊1806～1809条 (略)

1992年グランドキャニオン保護法

＊「1992年米国内務省開墾局の事業許可調整法」において、「1801条　グランドキャニオン保護」を別名「1992年グランドキャニオン保護法」と呼ぶと定め、その内容を1802条から1809条にわたって定めている。かいつまんで訳出すると次のようなものである。

○1802条　グランドキャニオン国立公園の保護

長官は、1804条で指定する基準と運用計画に従ってグレンキャニオンダムを運用しなければならない。また、グランドキャニオン国立公園やグレンキャニオン国立レクリエーションエリアを保護し、悪影響を減じ、価値を高めるために制定された既存の法律にも従わなければならない。

○1803条　グランドキャニオン国立公園の暫定保護

長官は、1804条が執行されるまでは暫定的に、1991年10月2日に開墾局と西部地域電力局が結んだ合意に基づいて、最適かつ最新の科学的データを活用してグレンキャニオンダムを運用しなければならない。暫定運用にあたっては以下との協議が必要である。

・開墾局、魚類野生生物局、国立公園局など内務省の関係機関
・エネルギー省長官
・アリゾナ州、カリフォルニア州、コロラド州、ネバダ州、ニューメキシコ州、ユタ州、ワイオミング州知事
・先住民族
・学界・科学界の代表、環境団体、娯楽業界、グレンキャニオンダムで発電される連邦の電力を購入する企業を含めた一般公衆

○1804条　グレンキャニオンダム環境影響評価：グレンキャニオンダムの長期運用

(a) 長官は、グレンキャニオンダムの環境影響評価を、1969年国家環境政策法に基づいて、法施行後2年以内に終了しなければならない。

(b) 会計検査院長は、環境影響評価に記載された環境影響で明らかにされた管理政策やダム運用から生じる水や電力の使用者、および、自然・レクリエーション・文化資源にもたらす費用と便益を監査し、その監査報告を長官と議会に報告しなければならない。

(c) 基準と計画の採用。

　(1) 長官は、環境影響評価と会計検査で明らかになった結論、勧告に基づいて、1968年コロラド川水系事業法602 (b) 条で指定された基準や運行計画を採用し、1802条と整合する方法でグレンキャニオンダムが

一九九二年のグランドキャニオン保護法一八〇四条（a）はそれを遵守するための条項だ。一九五〇年代に建設されたダムであっても、事業者の思いのままに運用をしつづけることはできない。新たな法律で運用方法を見直すにあたって、ダムがどのような影響を与えているのかを評価することを義務付け、影響軽減や自然環境の改善を求めている。この条項によって、環境影響評価手続の中で、誰であれ、意見を言う機会を与えられる。その行政手続に瑕疵《かし》があると思えば裁判にも訴えられるために、行政は注意深く、その意見に耳を傾ける。

こうして完了したグレンキャニオンダムの環境影響評価に対して、非営利組織グレンキャニオン研究所は、独自に、二〇〇〇年一二月、「グレンキャニオンダムの撤去に関する市民環境アセスメント――予備的調査」（Citizens, Environmental Assessment on the Decommissioning of Glen Canyon Dam）を発表した。これは、グランドキャニオン保護法一八〇四条（a）に基づいて行われた環境影響評価では代替案にダム撤去が含まれていなかったとして、ダム撤去を行った場合の影響評価を行ったものだ。このような活動を行うことができる内部人材を抱える非営利組織や、その財政支援を外部から可能にする社会体制の違いも特徴の一つではある。

特徴2　協議への参加者が法律で指定されている

二つ目の特徴は、グランドキャニオン保護法の要請により、物事を決めるすべての段階で、内務省長官による利害関係者との協議が義務付けされていることだ。ダムの長期的な運用基準や計画を決める時だけでなく、暫定運用、運用開始後の長期的なモニタリングを決める際にも協議が行われる。単に聞きおくだけの参加ではなく、協議である。

一八〇四条（a）に基づく環境影響評価書（ＥＩＳ）が公表され、順応管理が最適であるとの提案が行われると、内務省のブルース・バビット長官は、それを受けて、諮問機関としての「グレンキャニオンダム順応管理事業作業グループ（AMWG）」を設置した。

その構成メンバーはAMWG規約に基づき表1のとおりである。「協議」の場は「作業グループ」の形をとり、ここではグレンキャニオンダムの事業者である米国開墾局もその一員でしかない。また、日本にありがちの漠然とした「中立の有識者」は存在せず、全員が「ステークホルダー（利害関係をもつ者）」である。それぞれのミッション（使命）を背景にしてその代表として協議に加わっていることが特徴である。

見てのとおり、連邦政府からは環境保護と開発・利用の両方の使命をもつ行政機関が、受益者としては電力事業者や取水をする州政府、娯楽業界、そして影響を受ける住民である先住民の複数部族および複数の環境団体が参加する。長官の指名により、水科学担当の副長官が議長および連邦担当官を務める。

長官からAMWGへの諮問は、概ね以下のようなものだ。

表1　グレンキャニオンダム順応管理事業作業グループ（AMWG）

利害関係者・行政	役　割
米国開墾局	水力発電と取水
米国インディアン業務局	先住民部族のための業務提供および土地管理
米国魚類野生生物局	天然資源管理
米国国立公園局	天然資源管理
西部地域電力局	水力発電
アリゾナ狩猟魚類局	天然資源管理
部　族（×6）	経済機会、文化伝統の保護、健全な環境の維持など部族の利益を保護し福祉を向上
州政府（×7）	取水と発電
環境団体（×2）	自然保護
娯楽業界（×2）	レクリエーション
電力購入者（×2）	水力発電

注）（×6）などは参加する団体等の数。

出典：Lawrence Susskind et al. “Collaborative Planning and Adaptive Management in Glen Cautionary Tale.” Columbia Journal of Environmental Law, vol. 35, no.1

①ＡＭＷＧの運用規定を自ら作ること
②環境影響評価書で求められた環境および文化的な取り組みに合致するよう長官に助言すること
③順応的管理の方針、目標、方向性の枠組みの提案
④長期モニタリング計画およびダム運用による影響評価を行うために必要な研究のための資源管理の目標の提案
⑤一八〇四条（ｃ）で明らかとなり、長官、議会、流域の州知事に対して行われる報告（ダム運用、順応管理事業の運用、資源の状況、資源の保護、影響緩和、改善のためにとる措置）を読み意見を述べること
⑥毎年長期モニタリングデータを読み、資源の状況は、順応管理事業の戦略的計画の目標が達成されているかどうかに監視助言を行うこと
⑦法令どおりにすべての事業活動が行われているかどうかを監視し報告すること

ＡＭＷＧは年二回の会議を行うが、その基本的な運営方法は連邦諮問委員会法にその根拠をもち、透明性が確保される。このＡＭＷＧの活動を支援する重厚な体制も作られた（**図1**）。ＡＭＷＧを構成するそれぞれの利害関係組織から技術者の代表者を出して、技術作業グループ（ＴＷＧ）が組織さ

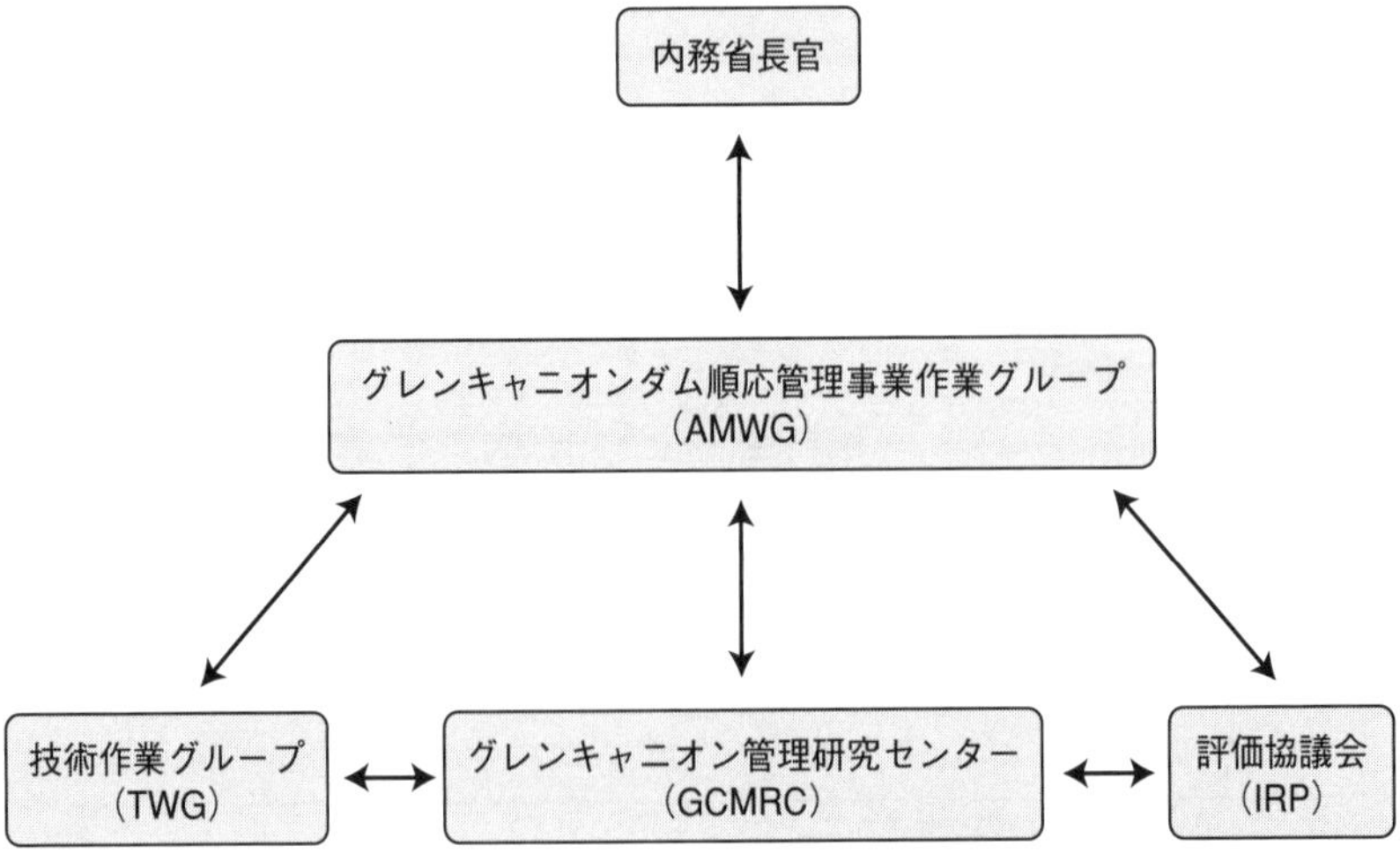

図1　AMWGの支援・監視体制
出典：表1に同じ

れる。そして、ＡＭＷＧが毎年出す資源報告書を作成するために、信頼性の高い、客観的な科学情報を提供するグレンキャニオン管理研究センター（ＧＣＭＲＣ）を設置。さらに、その科学的客観性や信頼性を確保するために、提案や結果をレビューする独立した評価協議会（ＩＲＰ）が設置された。

つまり、内務省長官の意思決定を補佐する重大な責任をＡＭＷＧが担うための体制だ。これらの運営に毎年一一〇〇万ドル（日本円にして一〇億円）の連邦予算が費やされる。

この事例を批判的に検証したマサチューセッツ工科大学のローレンス・サスカインド教授はその研究論文の中で、グレンキャニオンダムにおける順応的管理は、「米国で最も成功した順応的管理事例の一つ」（内務省のダーク・ケンプソーン長官）、「完全ではないにしても順応的管理を導入しようとした数少ない努力の一つ」（ズブリティッシュ・コロンビア・漁業センターのカール・ウォルター博士）として成功と見なされているとした。しかし、自らは「一三年にもわたって何百万ドルも費やしたのに、繊細な下流の生態系の質を安定させることにも改善することにも失敗している」と述べている。

しかし、たとえ、順応的管理の目標である生態系保全という観点からは発展途上であるにしても、それぞれ多様な使命を担って利害関係者がガチンコで意見をたたかわせる協議の場があることは、市民の意思をどう反映させるかという命題に十分なヒントを与えてくれているのではないか。

市民の意思を行政に反映させること

これらの特徴から日本が学べることを抽出するために、日米事例の違いをまとめてみよう。

米国のコロラド川では、グランドキャニオン保護法を制定した連邦議会の要請により環境影響評価が行われ、評価書が内務省長官に対し、順応的協働管理を提案し、これに基づいて連邦諮問委員会法に透明性が担保されたＡＭＷＧが組織された。

諮問は多岐にわたり、最終的な政策決定者である長官に助言し、その助言が最終決定に反映される仕組みである。

一方で、日本では八ッ場ダムを例に考えると、半世紀にわたる事業であるにもかかわらず、ただの一度も、この事業そのものやその見直し機会で住民意見を反映させる措置はとられていない。また、その上位計画（利根川水系河川整備計画）や、その上の方針（利根川水系河川整備基本方針）においても、形式的または間接的なものにすぎない。

第一に、河川法に基づく最初の手続である長期的な河川整備の方針を示す「河川整備基本方針」は、いわゆる〝中立〟な顔をした学識経験者が出席をするだけで、市民の意見を反映する措置はない。

河川法改正の審議にあたり、一九九七年五月七日の衆議院建設委員会で、「河川整備基本方針に住民意見の反映の手続がない」と批判された当時の河川局長が、「基本方針で定めた中ではこの整備計画がどうしてもできないということになれば、またこの基本方針のあり方についても再度検討をする」と述べただけで、事実上そのような仕組みや実績がない。

第二に、その整備計画とは、河川法に基づく二〇～三〇年の計画だがその策定時には、「関係住民の意見を反映させるために必要な措置」という文言があるだけで、実際には意見を聞きおき、それに対する事業者の見解を発表して終わる。

「学識経験を有する者」の意見は別に聴くが、中立的な立場を装うことが常態化している。しかし、ダム関連事業を受注している公益法人の理事や研究顧問をつとめ、日本のあらゆる河川で重用される学者が、暗黙の了解で河川官僚の代弁をしている状況がある。

また、特筆すべきは、異常なまでの「河川工学者」依存である。防災や、環境保全、水資源の利用という観点から考えれば、「河川工学」はそのごく一部を担う技術でしかない。どこに危険が潜みどのように人命を守るかを考える際に、それは技術的にどのように可能かを検討する際に、必要とされる立場でしかない。それは、どのように環境を守るかという観点から生物学者や生態系学者の知恵や知見が必要とされることとなんら変わりはない。しかし、現在はダムありきの結論の隠れ蓑に、河川工学が河川官僚に使われる時代が続いている。

さらに、関係都道府県知事の意見も聞くが、すべてバラバラに聞くために、どのような利害が対立し、矛盾があるのかがわからず、その調整は河川官僚の手に委ねられる。

日米の参加手法の最大の違いはここにある。米国事例では、利害対立も調整も誰にでもわかる協議の場で行われる環境が、法律によって整備されている。日本では「住民の意見を反映させるために必要な措置」とは何か、また「学識経験を有する者」や「関係都道府県知事」らの役割や位置付けも法律には何も書いていないために、河川官僚の裁量によってこれが運用され、結局は別々に意見を聞きおいて、ブラックボックスの中で政策、計画、事業が決定するのである。

改善へ向けて

こうした日米の体制の差から明らかなのは、あらゆる局面で市民の意見を反映する体制を法律に書き込む必要性があることだ。官僚の裁量ではなく、立法府の意思として、参加のありようを具体的に法律に書き込む必要がある。

河川整備基本方針、河川整備計画、事業、事業再評価、維持管理更新、運用後の環境や社会影響のモニタリング、これらすべての局面での決定に際し、多様な利害関係者が一堂に会して協議を行う場をつくる必要がある。一度決めたら終わりではなく、時代や社会の変化に伴い、その施設や政策のあり様を変化させ、生態系を保全していくためである。

このとき重要なことは、その土台に環境保全を目的とした制度を設計することである。日本の環境影響評価法は、NEPAから環境影響評価制度のみを取り出して、三〇年遅れで成立・施行した上に、換骨奪胎されている。そのため、たとえば新築ダムなど特定のハコモノ建設は環境影響評価法の対象となるが、建設が終われば二度とこの法律の対象になることはない。また、後からできた法律によって、環境影響評価法に基づいて影響を評価せよと要請した例はない。

この法律を改正することによって、建設だけではなく、たとえば運用変更や水利権の更新も対象にして環境影響評価を行い、便益が損失を下回ることがあれば、ダム撤去をも視野に入ってくるような未来を志向できれば望ましい。

こうした改正案を具体的に法律に位置付けるよう立法府に政策提言し、世論を形成する両輪の活動が必要である。

破壊しつづけた河川環境をどう再生するか、限られた自然の恵を未来世代ができるだけお金をかけずに活用できるようにするにはどうしたらいいか、大洪水がきたらどこが危ない場所なのか、どの堤防を一番に直せばいいのか、いざ!という時にはどこにどのように逃げればよいのか、誰でもわかる言葉で協議・共有する場作りを立法によって確保すべきである。

(ジャーナリスト)

河川法改正の蹉跌

住民の声を聞かない河川官僚

◆

宮本博司

転換のチャンス

一九九七年、河川法が改正された。主な改正点は、河川法の目的に治水および利水に加えて、河川環境の保全と整備を追加することと、具体的な河川整備の計画を策定するに当たり、学識経験者や自治体の意見を聞くとともに、住民の意見を反映するというものであった。

それまで国が独断で策定していた整備計画について、学識経験者や自治体の意見を聞き、住民の意見を反映しようとする法改正は、「もう、国が勝手に川の工事やダム建設を行わない」、「住民の想いを受け止めて整備を行う」という趣旨によりなされたものであり、画期的な内容であった。河川法改正は河川行政に対する国民の不信感を払拭する最大のチャンスであり、法改正の趣旨に沿って運用されれば河川行政が根底から変わると、当時建設省（現・国土交通省）河川局調整官であった私自身確信していたし、多くの国民も期待したと思う。

ところが河川法改正後、いっこうに住民や学識経験者を巻き込んだ新しい河川整備計画作りは始まらなかった。そのような動きを見せたのは多摩川ぐらいであり、ほとんどの河川は従前の工事実施基本計画にもとづいて整備が進められていた。私は、河川法改正は河川行政を変えていくスタートであると認識していたのであるが、今にして思うと、幹部をはじめ河川局の職員の多くは、これで、何か批判されても、「住民の意見を反映していくことになっています」というセリフで逃げることができると、ガス抜き仕組みができたことだけでよしと考えていたのではないか。すなわち彼らにとっては、河川法改正はスタートではなく、ゴールだったのである。

淀川水系流域委員会準備会議

そのような状況の中、一九九九年一〇月、本省河川局から淀川の整備と管理を行う淀川河川事務所に異動した私は、法改正の趣旨を徹底的に淀川で具現化しようと強く思っていた。しかし、流域人口一六〇〇万人、二府四県にかかわる淀川において、どのようにして学識経験者や自治体の意見を聞き、住民の意見を反映させればいいのか、まったくわからなかった。役人同士で考えていても何も動かない。そこで芦田和男先生（土木工学）、川那部浩哉先生（生態学）、米山俊直先生（文化人類学）と寺田武彦先生（弁護士）をメンバーとする淀川水系流域委員会準備会議を設置し、流域委員会の運営等についての提言を求めた。

準備会議は、情報開示と発信を徹底すること、委員会事務局を委員会設置機関である近畿地方整備局（以下、近畿地整）から独立させて民間機関に委託することなど、委員会の具体的な運営方法について提言するとともに、公募を行ったうえで、公開の場で委員の選定を行った。

委員会の事務局を役所が行わないことや委員選定を第三者にまかせてしまうというやり方に対して、ある事務所長から、「そこまで役所を信じないのですか?」と言われ、「役所から独立させないと、将来必ず役所の都合のいい委員会になってしまう」と答えたことを思い出す。また、淀川でのやり方を国交省の技官トップである青山技監に説明したところ、「やりたいようにやれ。ただし、委託する事務局だけは、国交省が人事権を持っている組織にしろ」と言われた。青山氏は、長良川河口堰問題を踏まえて河川法改正に尽力した河川行政改革の先頭に立っていた人であった。その人から、国交省の人事権云々という発言が出たことに対して非常な違和感を覚えたが、聞き流した。こんなやり取りはあったものの、基本的には本省も了解のうえ、淀川水系流域委員会(以下、流域委員会)の骨格が定められたのであった。

流域委員会スタート

二〇〇〇年二月、第一回流域委員会が京都駅近くの会場で開催された。五〇名以上の委員が参加した委員会は、冒頭から八時間に及んだ。委員会議事終了後、傍聴者からの発言もあり、これまでの国が開催していた委員会とはまったく異なる雰囲気でスタートした。

流域委員会は、淀川の現状を共有することから始まった。通常であれば、役所が原案を提示して、その原案に対して委員が質問し、役所が説明し、委員に意見を求めるという流れである。しかしこのやり方をやれば、御用委員は役所の提示した原案を闇雲に支持し、ダム建設に反対する立場の委員は、原案にダムが掲載されているだけでダム反対という意見を述べ、お互いかみ合わない意見を言い合うだけで、相手の意見を聞くことによって自分の意見を変えるということができなくなる。かみ合わない議論は、原案どおりに結論を導きたい役所にとって一番ありがたいことである。「さまざまな意見をいただいたので、それらを踏まえて最終意見書をとりまとめさせていただく」と、出された意見を適当にいいとこどりし、原案の結論は変えないというお決まりのお墨付き委員会のパターンにもっていくことができるからである。これでは、住民の不信感は払拭できない。委員が立場を離れて川の現状を共有し、そこから真にやるべき対策を積み上げてこそ、まともな整備計画が作成できるのである。

委員会は、何回にも分けて現地を視察し、現地において各委員が専門分野について説明したり、住民の方々からお話を伺ったりした。

たとえば、一年のうち三〇〇日以上は淀川に行って魚や貝の生態を観察しているという紀平委員から、淀川の中洲で数百尾の鯉や鮒が死んでいることがときどき見られるという指摘を受けた。淀川を管理している淀川河川事務所の職員は私も含めて誰も知らなかった事実である。原因は上流の天ヶ瀬《あまがせ》ダムの放流方法にあった。ダムからの放流が必要でなくなった場合、ゲートを一気に閉じていたことにより、下流の水嵩が急激に低下して、魚たちが逃げ遅れて中洲で死んでしまっていたのである。その後、ダムの操作をなだらかに行うことによってそのような現象は見られなくなった。

また、堤防の中にはしっかりした芯が入っているから、頑丈であると思い込んでいた多くの委員は、堤防はたんに土を盛り上げたものであり、中には砂だけを盛り上げたものであるという現実に驚愕し、住民の命を守るためには堤防の強化を優先的に実施するべきであることを共有していった。

さらに、住民意見の対立においても光が見えた。これまで、河川敷に造成されたグラウンドについて、自然環境を守ることを主張する住民と野球やサッカーを楽しんだり、子どもたちを指導している人びとの意見が噛み合うことはなかったが、委員会がファシリテーター（合意形成に導くための進行役）を立てて公開の場で河川敷のグラウンド使用について対話集会を行ったところ、グラウンド使用側の住民から、「河川環境面からは、グラウンド造成が好ましくないことは理解する。しかし、現実に街中にグラウンドが不足している中、河川敷のグラウンドはどうしても必要である」という意見が出された。一方、自然保護側の住民からは、「現在使用しているグラウンドを今すぐ撤去しろとは言っていない。休日に学校のグラウンドが使えるように働きかけることも必要ではないか」といった声も聞かれ、話し合いの糸口が見出されてきたのである。

環境、治水、利用等さまざまな切り口で淀川の実情をまともに見て、共有化していったことで、委員や近畿地整職員に、自分たちが淀川について知っていることはわずかであるということを実感させた。住民は自分たちの想いを行政がまともに受け止めてくれるという手応えを感じ出した。

そして、ダム建設は当然と考えていた自称御用学者委員が、「環境のことや淀川の河川整備の実態を踏まえると、必ずしもダム建設が有効とは言えない」という考え方に変わっていった。一方、「これまでダム建設絶対反対を主張していたが、苦渋の決断をして移転された水没住民の気持ちを考えると簡単に建設中止とも言えない」と発言する委員も出てきた。

このように委員会を重ね、現地の状況や地域の人びととの想いを共有するにしたがって、委員会に参加していた人びとがそれまで見えなかったものが見えるようになり、それまで想像さえしなかった他人の想いに共感するようになり、自分が思い込んでいた考え方に拘泥しなくなり、変わっていった。このことが、流域委員会の特徴であり、大きな意義であった。

「脱ダム」提言

委員会発足以来、徐々に流域委員会と近畿地整との間に信頼関係が築かれてきた。近畿地整内では、近畿からわが国の河川行政を変えるのだという機運が盛り上がり、職員の目が生き生きと輝き出していた。河川局は、基本的に河川法改正の趣旨を踏まえれば、あとは地域地域で独自に動けばよいという姿勢で、淀川の動きも見守っていくということであった。

ところが、流域委員会が二〇〇三年一月に行った提言以降、河川局の姿勢が一転する。提言は、治水、利水、河川環境、利用等について、これまでの考え方を見直すことを求めた画期的な内容であった。その中で、河川局が厳しく反応したのがダムについての以下の記述であった。

「ダムは、自然環境に及ぼす影響がおおきいことなどのため、原則として建設しないものとし、考えうるすべての実行可能な代替案の検討のもとで、ダム以外に実行可能で有効な方法がないということが客観的に認められ、かつ住民団体・地域組織などを含む住民の社会的合意が得られた場合にかぎり建設するものとする」

河川局は近畿地整に、この提言を撤回させるよう委員会に働きかけるように指示し、提言の撤回ができないとなるや、流域委員会および近畿地整に対して露骨な介入を行いだした。提言を中心となって取りまとめた今本委員を罷免するようにと指示し、全国の地方整備局および都道府県に対して、淀川流域委員会のマネはするなと命じた。河川局で罵詈雑言を浴びせられた近畿地整職員からは、もう本省に行くのは嫌だという声があがった。坪香近畿地整河川部長は、河川局幹部に対して、もういじめるのはやめて欲しいと嘆願したという。

そのような中でも、流域委員会では現地の状況を踏まえたしっかりとかみ合った議論が行われ、次々と現実的で住民の要望に沿った河川整備方策が合意され、随時実行されていった。そしてダムについては、具体的なデータにもとづいて議論すればするほど、その効果は小さく限定的であることが明らかになり、近畿地整は河川局の了解を取り付けて事業中の四ダムの中止等についての方針を発表した。

流域委員会中断

しかし、河川局OBの暗躍もからみ、流域委員会と河川局との亀裂はさらに大きくなっていく。二〇〇七年一月、とうとう流域委員会は中断され、「淀川水系流域委員会を征伐する」という決意を述べて着任した布村新局長のもと、近畿地整は流域委員会のやり方を全面否定するためにレビュー委員会を開催した。しかし結果は近畿地整の思惑とは逆に、レビュー委員会はこれまでの流域委員会のやり方を基本的に踏襲するべきであるという意見書を取りまとめた。

レビュー委員会による意見書を受け、近畿地整は第三次流域委員会の開催に向けて、やむなく委員の公募を行わざるをえなくなった。二〇〇六年七月に国交省を退職していた私は、今度は住民の立場で流域委員会に参加したいと思い、公募に応じ、第三次流域委員会の委員になった。

お墨付き委員会として再開

再スタートした第三次委員会は、想定どおりそれまでの委員会とはまったく性格を異にした。すなわち二〇〇五年に近畿地整自らが中止の方針を出した大戸川《だいどがわ》ダム等の建設を復活するべく、多数の御用学者を委員に選定し、短時間の審議で結論を出そうというものであった。

ダム建設を整備計画にどうしても位置付けねばならないという強い制約の中、近畿地整はこじつけと数字のつじつま合わせの説明を繰り返した。御用委員たちは、当初計画で想定している計画対象規模洪水にこだわらずに想定外の洪水を含めて住民の命を守るための整備計画を策定するべきであるということに総論では賛成していた。しかし、ダムの議論になり、計画対象規模洪水でさえダムの効果は小さく、計画対象規模以上の洪水に対する堤防決壊に対して、ダムはほとんど効果がないことが明らかになってくると、「そんな大きな洪水の起こる確率は極めて小さく、想定する必要がない」と主張し、「とにかく、ダムはあったほうがよい」というまったく理屈も根拠もない主張をしだした。東日本大地震の際、「想定外」という責任逃れの専門家発言に憤りを覚えたが、流域委員会の御用委員のお考えを改めて伺ってみたいと思う。

知事によるダム不要表明

これまでの委員会のやり方を支持する住民やマスコミから強い批判を受けながら、近畿地整は委員会において、隠し、ごまかし、逃げて、嘘をつき、とうとう最後にはもう流域委員会の意見は聞かないと開き直り、審議が継続されているにもかかわらず、ダム建設を盛り込んだ整備計画案を関係府県知事に提示するという見切り発車の暴挙に踏み切った。

滋賀県、京都府、大阪府の三知事は、流域委員会が最終意見を取りまとめ中にもかかわらず、それを無視して唐突に計画案が府県に提示されたことに驚きと不満を示した。しかし提示された計画案に対して知事として意見を言わねばならないということで、知事間で直接かつ頻繁に連絡を取り合い、対応を協議した。そして、三知事に三重県知事も加わった四知事による「大戸川ダム不要」の意見表明がなされた。

しかし、知事によるダム不要の表明があったにもかかわらず、ダム建設の復活を至上命令とした河川局は、決してあきめることはなかった。大戸川ダムを凍結すると記者発表しながら、その実、整備計画文書では大戸川ダム建設の実施を位置付けたのである。

政権交代によるダム見直し

二〇〇九年八月、民主党への政権交代が行われた。それまで、民主党はダム建設に対して批判的であり、選挙前にはいったんすべてのダム事業を凍結して計画を見直すことを表明していた。そして国交大臣に就任した前原大臣は、就任早々に八ッ場ダムの中止を発表した。八ッ場ダムは、現在建設中のダムの中でシンボル的な存在であり、中止を決定することは容易でないダムである。しかし、あえてその八ッ場ダムを中止すると発表したことに、ダム事業に限らずこれまで実施されてきた公共事業全般について徹底的に見直すという強い政治的決意を感じた。強力な政治指導により、すべてのダム事業を対象にした徹底的な見直しが行われるものと期待したのは私だけではなかったと思う。

非公開有識者会議

二〇〇九年一〇月、前原大臣から「ダム建設を前提にしたこれまでの治水計画に疑問を感じている。計画の微修正ということではなく、コペルニクス的転換をしなければならない。ダムに頼らない治水への転換を進めるために新しく「今後の治水対策のあり方に関する有識者会議」を開催するので委員になってほしい」と就任を要請され、承諾した。ところがどういう訳か、その後、河川局から発表された委員メンバーに、私の名前はなかった。その上、信じられないことに会議は非公開であった。

住民の命にかかわる治水方策の根本的な転換についての議論は、密室で行うのでなく、住民の前で正々堂々と行うべきである。どのような素晴らしいメンバーで、どのような素晴らしい議論が行われようと、住民の前で堂々と公開して議論しようとしない人たちが決定したことは、住民の心に伝わらないし、住民からの信頼と協力は得られない。しかし、有識者会議は非公開となった。

この非公開の理由を有識者会議の中川座長に問うたところ、「公開となると、委員が自由に意見を述べることができにくくなる」、「会議では、個別のダムについても話題になる可能性があり、地元への影響を考えて公開できない」ということであった。そもそも、公開の場で自分の意見を自由に述べられないような学識経験者を委員に任命すること自体、理解できない。また、今後の治水方策のあり方というテーマで議論する会議で、個別のダムの議論が行われるとは思われず、仮に個別ダムが話題になったとしても、なんら非公開にする理由はない。もし個別ダムについての議論は非公開でしなければならないというのであれば、以後全国で行われる個別ダムの見直し議論はすべて非公開で行わなければならないということになる。まったく、非公開にしなければならない理由になっていない。

結局は、密室の中で委員と国交省とで、今後の方針を決めてしまいたいということに他ならないと感じた。その後、マスコミにだけは公開するようになったが、依然として住民の傍聴は許されておらず、住民を無視し愚弄する姿勢は変わっていない。

どうしてもダムに頼る治水方策

二〇一〇年九月、有識者会議による中間報告が発表された。この中間報告は、全国で行われる個別ダムの見直しのバックボーンとなる基本的な考え方を示すものであり、今後のダム事業に対して、大きな影響を与えるものである。

中間報告では、ダム事業の見直しに際して、「既に策定されている河川整備計画の目標と同程度の安全性を確保することとし、社会的、経済的、技術的課題を整理して、できるだけ定量的に評価し、コストを最重視して判断する」と示された。一見もっともらしい考え方のように思われる。しかし、これはダム建設を確実に推し進める仕掛けであった。

現在事業実施中のダムは、これまでに策定された河川整備計画において、目標洪水規模（たとえば、一〇〇年に一度発生する洪水）を対象に、ダムとその他代替案（河川改修、放水路、遊水地等）についてコスト等の比較検討を行い、ダムが最も有利であるという判断から河川整備計画に位置付けられている。

中間報告では、決壊しづらい堤防や遊水機能を有する土地の確保等さまざまなメニューを示して、既定整備計画を見直すかのように記述されている。しかし、これらのメニューは、社会的、経済的、技術的に課題があるとの理由から、また、定量評価しにくいという理由で、将来における可能性は否定しないが、現時点において計画に位置付けることは困難であると判断される。その結果、結局従来どおりのメニューを比較することになり、自動的にやはりダムが有利であるという結論になってしまうのである。

このように中間報告の考え方は、表向き新しい治水方策に前向きに取り組むという姿勢は見せるが、結局は従来と同じ目標設定のもと、従来と同じメニュー比較を行うのであり、当然ダムが有利となるのである。すでに決められた河川整備計画でダムを位置付けた検討内容を、再度確認するだけの仕掛けである。

案の定、現在全国で行われているダム事業の見直し作業は、事業主体がこの仕組みに従って

「やはりダム」という検討結果を示し、疑問や批判の声を封じ込め、事業主体が選定した委員から「早く推進しろ」という声を出させている。その結果、当初より事業主体が中止を見込んでいたわずかなダムについては、中止としているが、ほとんどすべてのダムは、従来計画のまま実施ということになっているのである。

大罪

長良川河口堰でこっぴどい批判を受けた河川局は、「これでは、もうもたない」と徹底的に情報公開を行い、住民の意見を反映するとして河川法を改正したが、結局はダム建設の実施も中止も結論は自分たちが決める、決めた結論どおりにするために、情報はできるだけ出さず、会議は公開しない。先祖返りである。

なぜ、ここまでダム建設にこだわるのか。実は河川局の考え方はダムをどんどん造りたいというのではない。むしろ、ダムはできるだけ造りたくないと考えている者の方が多いと思う。では、なぜ現在闇雲にダム建設を進めようとしているのか。

私が河川局に在任中、上司である開発課長が「もうこれ以上新しいダムは建設しないので、現在事業中のダムだけはやらせて欲しいと世間に訴えよう」と発言した。これに対して私は「どうしても必要なダムであれば、新規でも造るべきであり、必要性が説明できないのであれば、現在事業中のダムでも中止するのが筋ではないですか」と答えたが、この上司の考えが河川局の基本スタンスになってしまったのである。すなわち、ダムの建設は治水・利水上どうしても必要であるのか、説明責任が果たせるのかではなく、やりかけであるのかどうか、あるいは中止とした場合にどれだけ強い反発があるのかどうか（反対住民の反発には、重きを置いていない）に判断基準が置かれているのである。本当にダムがどうしても必要であると確信しているのであれば、逃げたり、隠したりせずに自信をもって堂々と説明できるはずである。情けないことに、それができていないこと自体、河川局の「事業中のダムだけは、やる」のスタンスを如実に表わしている。

ダム建設の説明ができなくなることを恐れて、住民の命を守るために最優先で行うべき耐越水堤防強化をタブーにした河川官僚。会議を非公開にし、地元住民の悲痛な声を無視し、河川局のシナリオどおりに次々とダム建設にお墨付きを与えている御用学者。福島をきっかけに、原子力村が住民の命よりも、自分たちの組織やメンツを大切にしていたことが明らかになったが、河川村もまた同様に、住民の命をないがしろにし、川の命を失わせている。取り返しのできない大罪である。長年河川行政に携わってきていながら、この現状に対して何もできない私自身、後世の人に顔向けできない。慚愧に堪えない。

（元国土交通省淀川河川事務所長・近畿地方整備局河川部長）

緑のダム

流域の保水機能を高める

関　良基

利根川の基本高水

国土交通省のダム計画で治水面の根拠になっているのは、「基本高水」という一〇〇～二〇〇年に一度の確率で生起するとされる計算上の洪水流量である。この計算上の洪水流量が、河道が流せる流量よりも大きければ、上流に洪水調整施設を建設してピーク流量をカットせねばならない――このような理屈でダムが建設されてきた。

八ッ場ダムが建設される予定の利根川水系の場合、群馬県伊勢崎市の八斗島《やったじま》という治水基準点の現在の堤防高で、約一万六五〇〇立方メートル／秒の洪水を流せる。利根川の基本高水は二〇〇年に一度確率の降雨に対する計算上の洪水流量で、二万二〇〇〇立方メートル／秒と定められている。二万二〇〇〇という値は、二〇〇年に一度の大雨とされる一九四七年のカスリーン台風時の雨量データを貯留関数法という流出計算モデルに入力し、計算によって求められた値である――そのように説明されてきた。

利根川の基本高水と現状の堤防高で流せる流量との差は二万二〇〇〇マイナス一万六五〇〇で五五〇〇立方メートル／秒。一方で、八ッ場ダムが二〇〇年に一度の豪雨に対してピークカットできる流量は、国交省の従来計算では平均六〇〇立方メートル／秒程度とされてきた。利根川上流の既設の六ダムが合わせて一〇〇〇立方メートル／秒程度カットするので、八ッ場ダムと合わせて一六〇〇立方メートル／秒の流量をカットする。しかし五五〇〇にはなお三九〇〇も及ばない。つまり八ッ場ダムを建設したとしても、なお追加的にダムを一〇個くらい造らないと一万六五〇〇立方メートル／秒までは下がらないということになる。

現行の河川法の下で「二万二〇〇〇」という基本高水が存在する限り、八ッ場ダムを造った後も、さらにダムを延々と造り続ける根拠を国交省側は持っている。このような状況は他の河川も同様で、河道では流せない値に設定された「基本高水」という記号を根拠として、日本の川という川がダムで埋め尽くされようとしている。

計算モデルのブラックボックス

しかし、基本高水の計算の中身はまったくのブラックボックスで、どのように算出されたのか情報公開されてこなかった。八ッ場ダム建設への公金支出差し止めを求める住民訴訟の中で、原告側は粘り強く情報開示を求め続け、計算に使ったモデル定数が一部公開されるようになった。その中で、利根川上流の森林保水力を反映する「飽和雨量（土壌が雨水を何ミリ貯め込めるかを反映する値）」という定数が、「四八ミリメートル」という値で統一されていることがわかった。

ふつうの森林土壌は一〇〇～一五〇ミリメートルくらいの雨水を貯め込めるので、四八ミリメートルという数字はハゲ山なみの数値である。

この問題が二〇一〇年二月八日に行われた第四回の「今後の治水対策のあり方に関する有識者会議」(以下、治水有識者会議)の場で取り上げられた。治水有識者会議は、前原誠司元国交大臣の方針であった「できるだけダムに頼らない治水」を目指して、ダム計画と複数の代替案を比較検討した上で、ダム以外の選択肢を検討するために組織したものである。

この会議の場で、委員の一人で森林水文学が専門の鈴木雅一氏(東京大学大学院教授)は、「この事例の一次流出率、飽和雨量は、鈴木の知るハゲ山の裸地斜面の流出より大きい出水をもたらす。一般性をもつ定数ではないと思われる」と指摘、流域の保水機能を正しく評価せずに、流量の計算値を過大に算出している可能性が指摘された。

この鈴木氏の指摘に対し、同委員会の河川工学の専門家たちは、「だから緑のダムなんていうのも、僕は幻のダムだと。そんなものあるはずがない。森林が保水はしますよ。だけど、そうしたことを勘案して、雨から流量が計算される」、「だから、緑のダムなんていうのは、僕もそんなものはあり得るわけがないし、幻のダムと思います。……そんな、おかしいことが起こったら、治水対策なんて全然できなくなるので」、「四八が五三になるというぐらいの値のずれはありますけれども」などと発言。全面的に否定してしまった。

その後、治水有識者会議は、基本高水の数値が正しいのかどうかについては不問とした上で、現行の基本高水を前提にダム案と代替案とを比較検討するという検証方法を採用。同会議は二〇一一年一二月には八ッ場ダムの検証も「適正」としてゴーサインを出した。

河野太郎議員の国会質問と馬淵澄夫国交大臣の謝罪

河野太郎衆議院議員が利根川の基本高水問題にも関心を持ち、二〇一〇年一〇月一二日の衆議院予算委員会では質問も行った。河野議員は、「基本高水を計算するモデルに使われた飽和雨量というのがどういう数字であったのか」、「計算に使った数字を教えていただきたいと思います」と国交大臣に質問。馬淵澄夫国交大臣（当時）は、自身でちゃんと数値を調べ上げた上で、「昭和三三年の飽和雨量は三一・七七ミリ、昭和三四年は六五ミリ、昭和五七年一一五ミリ、平成一〇年一二五ミリ」と回答した。

国交省が利根川の洪水計算に使っていた飽和雨量四八ミリメートルという数字は、戦後直後で森林が劣化しハゲ山の多かった昭和三三年洪水と昭和三四年洪水の値を平均した値であった。実際には戦後直後の劣化した森林状態から森林の生長にともなって飽和雨量は一〇〇ミリメートル以上に増加しており、国交省はその事実を認識していたにもかかわらず、それを隠してきたのである。

河野太郎議員の国会質問を受けて、二〇一〇年一〇月一五日に馬淵澄夫国交大臣は記者会見で次のように述べた。「……この飽和雨量に関して先ほどの数字が申しあげたように、昭和五七年、平成一〇年と数字が増えて飽和雨量が高まっているということで、ある意味、モデルの中では妥当な数字として取り入れたものではないかとして私は受け止めました」。

国交省はそれまで、森林が生長しても保水機能に変化はないと主張してきたが、ここで初めて大臣自らが森林の生長とともに飽和雨量が高まっているという認識を示したのであった。

その後、馬淵大臣の調査の結果、一九八〇年当時に利根川の基本高水を二万二〇〇〇立方メートル／秒と計算した、その算出根拠となる基礎資料が見つからないというあり得べからざる事実が発覚した。

馬淵大臣は二〇一〇年一一月五日の記者会見で「国土交通省、当時でありますが、大変ずさんな報告をしたと、このように思っておりまして、率直に所管する大臣としてお詫びを申し上げます」と謝罪するとともに、国交省に利根川の基本高水の再計算を指示した。

馬淵大臣は問責決議を受けて辞任に追い込まれたが、辞任の直前、利根川の基本高水の再計算を第三者の立場で検証する目的で日本学術会議に依頼し、日本学術会議内に「河川流出モデル・基本高水評価検討等分科会」(以下、基本高水分科会)が組織された。

日本学術会議の「検証」

国交省の計算する基本高水をめぐっては、従来から以下の二点が重大な疑問点とされてきた。日本学術会議の基本高水分科会にも、以下の二点を究明することが期待されていた。

①中規模→大規模問題

過去に観測事例のある中規模程度の洪水から計算モデルを構築し、それを観測事例のない大規模洪水に適用すると、計算値の乖離が大きくなることが知られている。国交省が二万二〇〇〇立方メートル/秒の根拠とした計算モデルは流量九〇〇〇立方メートル/秒程度の中規模洪水から構築されていた。この計算モデルは中規模の洪水には適合しても、流量がその二倍近い大規模洪水には当てはまらないという指摘は各方面からなされてきた。

実際に一九四七年のカスリーン洪水では一万五〇〇〇～一万七〇〇〇程度の流量しか観測されていないと推定されているにもかかわらず、国交省が基本高水を計算すると二万二〇〇〇になる。これは中規模洪水をベースに構築したモデルを大規模洪水に適用すると計算値が過大に算出されることに起因するのではないかと指摘されてきた。

②森林保水力問題

カスリーン台風の当時、利根川上流域の山は荒れていてハゲ山が多かった。曲がりなりにも森林が回復してきた現状では、保水力の増加を考慮すれば、計算値はもっと下がるはずである。しかるに、日本学術会議は①の点に関しては曖昧な態度で検証を回避し、②の論点は意味不明の理屈で否定してしまった。日本学術会議の結論は、従来の数値とほとんど変わらない国交省の新モデルによる計算値二万一一〇〇立方メートル／秒を追認してしまったのである。

森林保水力問題の回答は意味不明

国交省は新モデルを構築するに当たり、現行モデルの飽和雨量が一律四八ミリメートルとされていたことの誤りを認め、過去の洪水の流出量の解析から飽和雨量の値を実態に合わせて大幅に引き上げた。新モデルの飽和雨量は、奥利根流域で一五〇ミリメートル、吾妻川《あがつまがわ》流域では無限大、烏川《からすがわ》流域で二〇〇ミリメートル、神流川《かんながわ》流域で一三〇ミリメートルとされた。

飽和雨量がこの値なのであれば、当然のことながら、洪水の計算流量は大幅に引き下がるはずであるが、国交省は貯留関数法のKとPという別のパラメータを変えることでピーク流量を調整し、結果としてカスリーン台風洪水の計算流量は二万一一〇〇立方メートル／秒と算出。従来の数字よりも九〇〇しか下がらない値を採用した。

日本学術会議は、森林保水力問題に関して、二〇一一年九月二〇日に公表された「河川流出モデル・基本高水に関する学術的な評価（回答）」の中で次のように記述している。

「流出モデル解析では、解析対象とした期間内に、いずれのモデルにおいてもパラメータ値の経年変化は検出されなかった。戦後から現在まで、利根川の里山ではおおむね森林の蓄積は増加し、保水力が増加する方向に進んでいると考えられる。しかし、洪水ピークにかかわる流出場である土壌層全体の厚さが増加するにはより長期の年月が必要であり、森林を他の土地利用に変化させてきた経過や河道改修などが洪水に影響した可能性もあり、パラメータ値の経年変化としては現れなかったものと考えられる」と。

本当に森林が生長しても、「パラメータ値の経年変化は検出されなかった」のであろうか。国交省は新モデルにおいて利根川上流域を三九に分割し、さらに三九流域の飽和雨量の値をそれぞれ変えてきている。奥利根、吾妻川、烏川、神流川の各流域において、国交省が過去に観測された主要一〇洪水の再現計算に用いた飽和雨量の平均値をまとめたのが**表1**である。

飽和雨量の経年変化を見ると、火山岩の多い吾妻川流域は終始一貫して飽和雨量は無限大である。また中古生層の神流川流域は、飽和雨量の経年変化は見られない。しかし、奥利根流域では九〇ミリメートル程度の飽和雨量が一五〇以上に増大、烏川流域においても一一〇ミリメートル程度のそれが二〇〇以上に増加している。明らかに、昭和三〇年代から近年に至る過程で経年的に流域の保水力が増加傾向にあることが見てとれる。

表1　国交省が新モデルで過去主要10洪水の再現計算に用いた飽和雨量の値（単位mm）

	S33	S34	S56	S57-7	S57-9	H10	H11	H13	H14	H19	新モデル採用値
奥利根流域平均	90	80	137	122	125	151	115	146	142	180	150
吾妻川流域	∞	∞	∞	∞	∞	∞	∞	∞	∞	∞	∞
烏川流域平均	110	150	200	100	129	170	120	230	248	170	200
神流川流域平均	120	80	130	130	130	130	40	130	110	120	130

出典：国土交通省関東地方整備局「新たな流出計算モデルの構築（案）について」2011年6月1日より筆者作表

学術会議はあたかも森林保水力の増加という流量を低減させるプラスの効果が、宅地造成や河道改修などのマイナス効果と相殺されて「パラメータ値の経年変化は検出されなかった」かのように記述しているが、科学的根拠はなく、単なる憶測で述べているにすぎない。

もちろん森林の生長という保水力を増加させるプラスの側面の一方で、宅地造成やゴルフ場造成など保水力を低下させるマイナス要素もあることは疑う余地がない。しかしながら、**表1**に見られるように、飽和雨量の経年的増加傾向が確認できる以上、森林生長のプラスの要素が、宅地造成や河道改修などのマイナス要素を上回っていると判断すべきであろう。飽和雨量の経年的増加傾向は明らかなのであるから、学術会議の記述内容は意味不明である。

ちなみに、飽和雨量の値を森林が荒れていた一九五八年のもので固定して他の九洪水の再現計算を行うと、昭和五七年九月洪水では計算流量にくらべて実績流量が一三パーセント低い値になり、一九九八年洪水では同じく一六パーセント低い値になっている。一九五〇年から二〇一〇年にかけて森林保水力の増加により、少なくとも一三・七パーセントは実績流量が低減していることが明らかになった。

日本学術会議が構築した東大モデル、京大モデルという流出計算モデルでも一九五八年に適合するモデルによれば、一九九八年洪水の実績流量は計算流量に比べ一〇パーセント以上低減している。

しかし学術会議は、その一〇パーセントを流量の経年変化として認めなかったのである。もし日本学術会議が一〇パーセントなど誤差の範囲であり、洪水流量の低減としてカウントすることはできない微々たるものであると言うのであれば、八斗島の基準点で二・七パーセント程度のピーク流量カットしかもたらさないと計算されている八ッ場ダムの治水効果など、統計的には認識できないレベルであり、ダムの治水効果は皆無ということになる。

中規模洪水モデルが大規模洪水に当てはまらない理由

なぜ二〇〇年に一度とされる一九四七年のカスリーン台風洪水の際、実際に観測された流量は一万五〇〇〇～一万七〇〇〇立方メートル／秒程度であるにもかかわらず、国交省が計算すると二万二〇〇〇になるのだろうか？　その理由は複数あると思われるが、日本学術会議の検討資料を仔細に見ると、じつは理由の一端は明らかにされていた。

国交省の用いる貯留関数法は、以下のような仮定にもとづいている。それは、雨の降りはじめからの累加雨量が飽和雨量（通常の河川では一〇〇ミリメートル程度とされ、利根川の旧モデルでは四八ミリメートルとされていた）に達するまでは、降雨の五〇パーセントが河川に流出し（一次流出率〇・五）、飽和雨量を超えると降雨の一〇〇パーセントが河川に流出する（最終流出率一・〇）という仮定である。

現実の自然界では、〇・五の流出率からいきなり一・〇の流出率に突発的に変化するといった急激な飛躍は起こらない。実際の流出率は、雨の降りはじめは〇・二程度、それが〇・三、〇・五、〇・七……と次第に増加し、最終的に一・〇に近づいていく。国交省は大雑把に〇・五から一・〇と二段階で変化するというモデルで計算している。これは実際の自然からは乖離した仮定であり、その点に、大規模洪水の計算の際に計算流量が過大になっていく原因の一端がある。

この問題は、日本学術会議でも取り上げられていた。基本高水分科会の谷誠委員と窪田順平委員は、利根川上流域の降雨量と流出量の関係を検討し、「中古生層の万場以外は、総降雨量と総洪水流出高との関係から飽和雨量が見出せない」と述べている。

つまり固い岩盤で雨水の透水性の悪い中古生層以外の地層では、二〇〇年に一度の三〇〇ミリの降雨であっても、最終的に一〇〇パーセントの降雨が河川に流出するという飽和状態には達しないというのである。では、どのくらいが河川に流出するかというと、「やや安全側になるように考えて、おおむね、第三紀火山岩、花崗岩が〇・七、中古生層が一・〇、第四紀火山岩が〇・四程度とみてよい」とする。つまり安全面を考えて多めに見積もっても、第四紀火山岩では降雨の四〇パーセント、花崗岩や第三紀火山岩では七〇パーセントしか河川に流出しない。

谷・窪田両委員が提示した過去の洪水の流出データを見ても、それは裏付けられている。**図1**は吾妻川流域（第四紀火山岩層）と奥利根・宝川《たからがわ》流域（花崗岩類）の流出率を見たものである。横軸に総降雨量をとり、縦軸には河川への流出量をとっている。もし降雨の全量が河川に流出するのであれば流出率を表わすグラフの傾きは一・〇、つまり四五度の直線になるはずである。しかし雨水の透水性の高い火山岩層では、三〇〇ミリメートル程度の降雨があっても流出率は〇・三二程度である。

国交省も、この事実を認め、吾妻川の最終流出率を〇・四としている。〇・三二であるものを安全側に配慮して〇・四と高目に設定するのはよいであろう。しかし〇・七しか流出しないにもかかわらず、それを一・〇にするのは「安全側への配

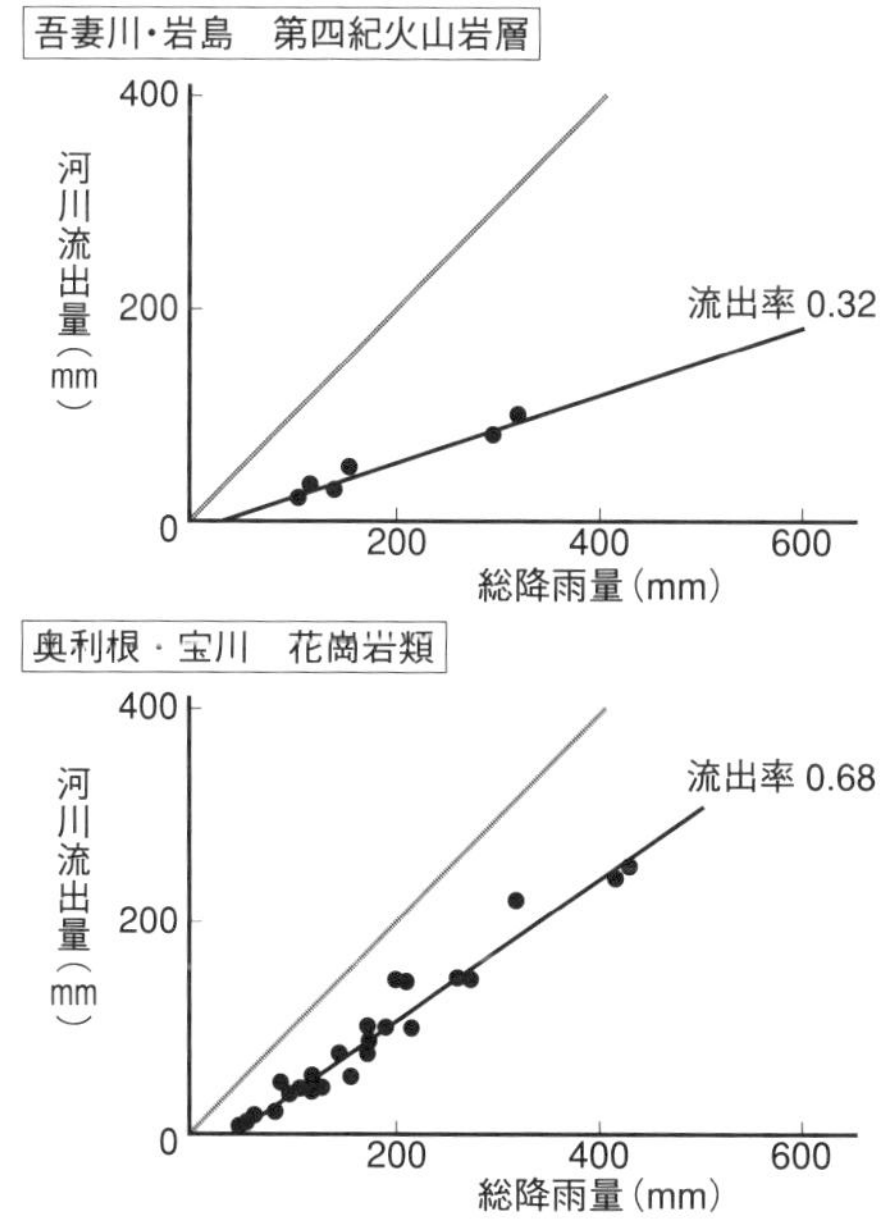

図1　吾妻川流域と奥利根・宝川流域の流出率

出典：谷誠・窪田順平「利根川源流域への流出解析モデル適用に関する参考意見」日本学術会議，2011年6月

慮」の範囲をはるかに逸脱している。安全側に配慮したとしても〇・七を〇・八とする程度が妥当であろう。

基本高水分科会の最終的な回答には「また地質によっては、飽和雨量、飽和流出率を設定せずに一次流出率だけを用いた方が妥当な場合や、飽和雨量より大きな降雨について、飽和流出率が一・〇より小さくなる場合もありうると判断した」と記述されている。このように書くのであれば、最終流出率を一・〇以下とした流出計算も行ってみるべきであろう。ところがそうした計算は実施せず、国交省の出した数値を妥当と結論してしまったのである。

図2は、飽和雨量一五〇ミリメートルの奥利根を事例として、国交省が用いる貯留関数法モデルと最終流出率〇・七モデルとを比較したものである。

①一五〇ミリメートルまで：国交省のモデルは、雨の降りはじめから一五〇ミリメートルまでは一次流出率〇・五。この間、雨量と流出量の関係は、傾き〇・五の直線となる。

②一五〇ミリメートルを超えた後：飽和雨量を超えると国交省モデルでは傾き一・〇になる。しかし実際は〇・七である。

総雨量が一五〇ミリメートル程度の雨だと、降雨の全過

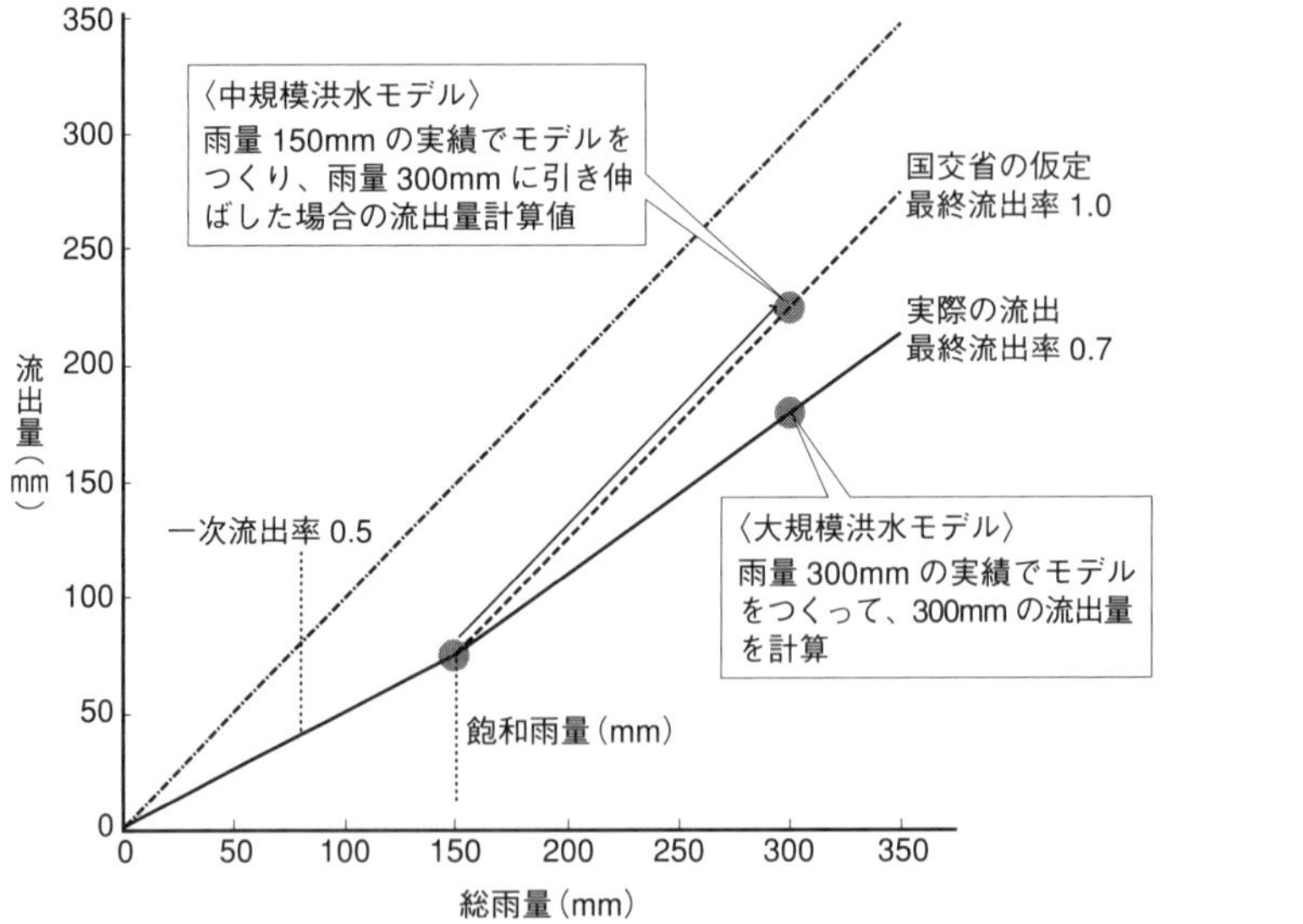

図2　中規模洪水に適合した計算モデルは大規模洪水では乖離する

程を通して流出率は〇・五のままである。一五〇ミリメートル程度の降雨を基準に計算モデルを作れば、一次流出率〇・五を反映するモデルになる。この計算モデルは当然、一五〇ミリメートル程度の雨にはよく合致する。ついで総雨量が一八〇ミリメートル程度の雨の場合も誤差は小さなものとなる。飽和雨量を超える雨は最後の三〇ミリメートルだけであり、最後の三〇ミリメートルは、本来〇・七であるものが一・〇として計算されるが、降雨の終盤の三〇ミリメートル程なので、計算ピーク流量にはほぼ影響は与えない。

しかしながら、**図2**を見れば明らかな通り、総雨量が二〇〇ミリメートル、二五〇ミリメートル、三〇〇ミリメートル、三五〇ミリメートル……と増えていくに従って、流出率〇・七と一・〇の三〇パーセントの誤差が積み重なっていく。つまり中規模洪水にはよく適合していた計算モデルであっても、大規模な降雨になればなるほど計算流量は、実績流量にくらべて高めに乖離していくのである。

二〇〇年に一度の洪水の計算流量は一万六六六三立方メートル／秒程度

第三紀火山岩層や花崗岩層の最終流出率を〇・七とすると、計算結果はどう変化するだろうか。その計算結果をグラフにしたものが**図3**である。国交省の新モデルとまったく同じパラメータを用いてカスリーン台風洪水の再現計算を行ったところ、同省の計算値とほぼ同じ二万六〇五立方メートル／秒というピーク流量が計算された。

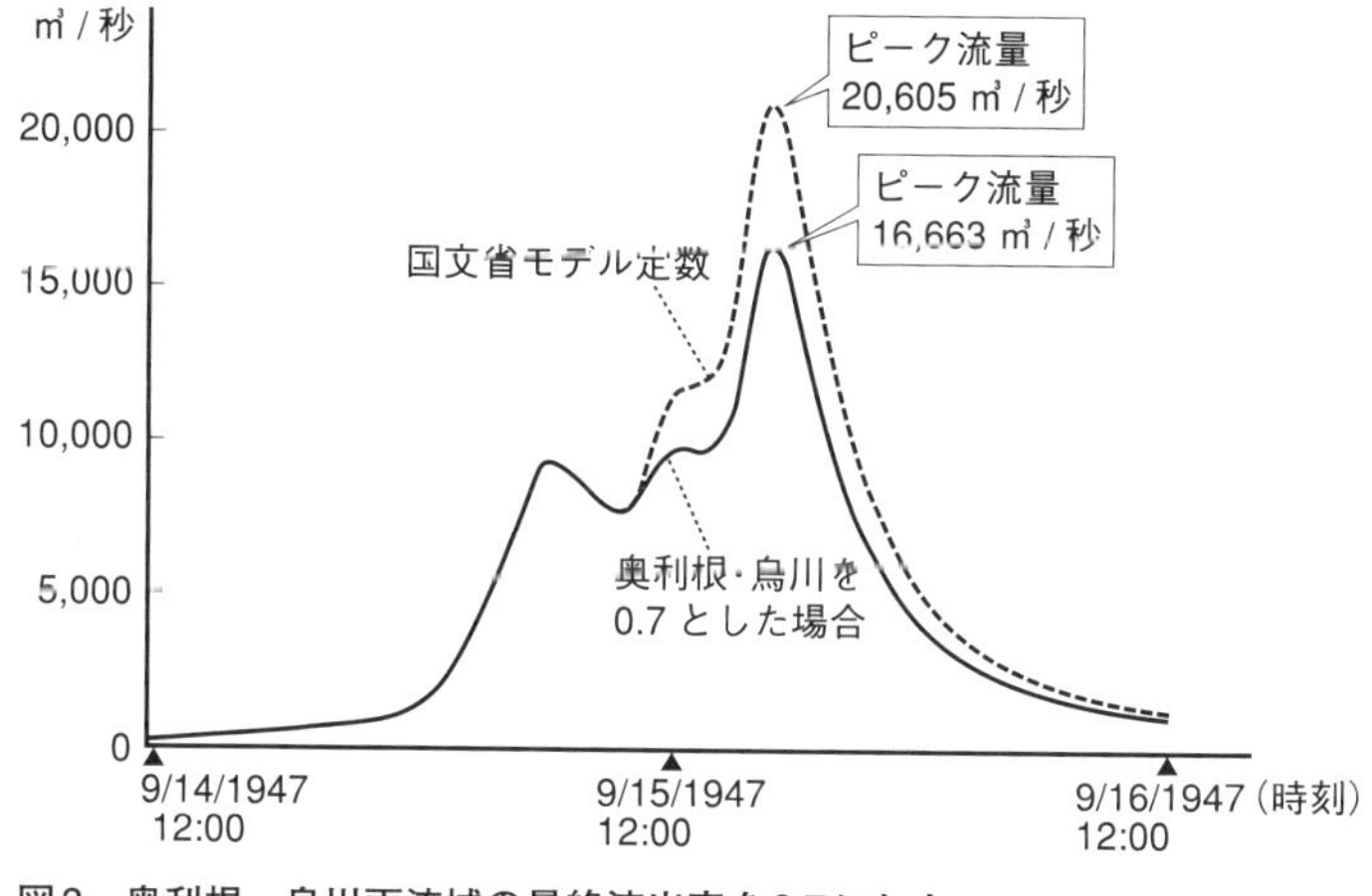

図3　奥利根・烏川両流域の最終流出率を0.7にした場合のカスリーン洪水の計算値

ついで、谷・窪田両氏の明らかにしたデータに依拠して、第三紀火山岩と花崗岩を主とする奥利根と烏川流域の最終流出率を〇・七として計算すると、計算ピーク流量は一万六六六三立方メートル／秒となった。一九四七年に実際に観測された流量に近づいたのである。

緑のダムへ

カスリーン台風のピーク流量の計算値は、国交省の新モデルを前提としても、計算モデルのパラメータの中の最終流出率を実測データに基づく適正なものに変えれば、一万六六六三立方メートル／秒となった。国交省の計算値にくらべて約二〇パーセント低い値である。国交省の新モデルは、他のパラメータにも不審な点が多いので、それらをさらに精査すれば、これよりさらに低下するだろう。いずれにせよ、カスリーン台風と同じ規模の豪雨が再来したとしても、実際の流量は現在の河道でも十分に対処可能であり、治水の面からは、八ッ場ダムは不要ということになる。必要な水害対策は、ダムではなく、既存の堤防の強化であろう。

そして、ダムによって河道内に雨水を貯留するよりも、森林や水田の整備、市街地のコンクリートを減らして雨水の透水性を高めるなど、広く面として流域全体の保水機能を高めることが大切である。国交省はコンクリート構造物によって洪水を河道内に押しこめようという従来の発想から脱却し、流域全体で行う治水対策を、住民、自治体、他省庁とも協力しながら推進すべきであろう。

（拓殖大学准教授）

II

八ッ場ダムの問いかけ

絶望的な八ッ場ダム問題から未来への希望をさぐる

◈
清澤洋子

首都圏のダム問題

戦後、群馬県の山間部には、次々と巨大ダムが建設されていった。一九五八年に完成した藤原ダムに始まり、相俣《あいまた》ダム、薗原《そのはら》ダム、矢木沢ダム、下久保ダム、草木ダム、奈良俣ダムと続いた利根川上流ダムの建設は、いずれも建設省（現・国土交通省）や水資源開発公団（現・独立行政法人水資源機構）による大型公共事業で、ダム周辺地域は文化、環境、経済などあらゆる面で激変した。当時の新聞の群馬版は、土地を追われる人びとの苦悩や地域の崩壊をくわしく報じている。

これらのダム計画は、関東地方の大動脈である利根川によって下流域とつながっており、東京を中心とする首都圏の治水、利水などを主目的としているが、下流域の都市住民にとって、上流のダム建設は概して遠い存在であった。

私自身、東京に生まれ育ち、水道水がだんだん不味《まず》くなっていったことを実感しながら、ダムの影響に気づいたのは、一九八〇年代に群馬県に移り住んでからだ。東京オリンピックが開催された一九六四年に下町から郊外の杉並区に引っ越した時は、近所の大人たちが「このあたりの水道は善福寺の湧き水だから美味しい」と自慢するのをよく聞いた。実際、当時の水道水は誰もがそのまま飲んで問題ない味だったし、まわりには井戸を持つ家も多く、地下水は身近な存在だった。けれどもその後、水道水は生ぬるく塩素臭くなり、東京区部ではいつのまにか浄水器を備えたり、ペットボトル水を買うのが当たり前になっていた。

現在、住んでいる群馬県の前橋市は、利根川の扇状地に市街地が広がっているため、地下水が豊富だとされている。だが、水道水は利根川上流から取水した河川水と地下水とが半々の割合でブレンドされ、以前より味が低下している。前橋市がダム事業と連動した広域水道事業によって、河川水を使わなければならなくなっているからだ。

このように下流域でもダム事業は身近な生活に影響しているのだが、現地での影響はそれとはくらべものにならないほど決定的である。八ッ場《やんば》ダムは最初の構想発表から六〇年が経過しており、この間、地域の人間関係、自然、経済活動はズタズタにされてきた。二〇〇九年の政権交代後、マスコミでは盛んに現地住民へのインタビューが取り上げられたが、ほとんどが行政の公式見解に沿った建前で、本音に迫ったものは少なかった。

私が事務局をつとめる「八ッ場あしたの会」には、地元周辺の住民のほか、下流域の都市住民が多数参加している。行政が正確な情報を出さず、ダム予定地が地理的に遠いがゆえに、これまでダム問題に実際に触れることのなかった人びとが、八ッ場ダム事業に疑問を抱くようになっている。かけがえのない自然の喪失、税金のムダづかい、政官財の利権構造など、ダムにはさまざまな問題があるが、八ッ場ダムの場合はダム予定地に住む多くの人びとが長年ダム計画に翻弄されてきただけに、現地住民の人権問題を避けて通ることはできない。

八ッ場あしたの会は一九九九年に群馬県内で発足した市民団体「八ッ場ダムを考える会」を母体としている。より広範な運動を展開するべく名称変更して再出発したのが二〇〇七年のこと。それから野田知佑氏、大熊孝氏ら、文化人、科学者らの協力も得て、「八ッ場ダム本体工事の中止」と「ダム予定地域の再生」を目指して活動している。会ではダム事業が中止になっても現地が立ち行くよう、長年八ッ場ダム問題に取り組んできた嶋津暉之氏が中心となって、ダム中止後の生活再建支援法の制定を国会に働きかけており、多くの会員がダム予定地の再生を願っている。

八ッ場ダムの歴史

八ッ場ダムは一九五〇～七〇年代に建設された巨大ダムと同様、戦後間もなく国土復興の一環として計画された。当時計画されたダムはほとんどが一〇～二〇年で完成しているが、八ッ場ダムのみは二〇一二年八月現在も本体着工に至っていない。ダム予定地の地域振興策や首都圏の水道事業、利根川流域の治水対策は、八ッ場ダム事業が継続しているがゆえに戦後復興期、高度成長期の枠組みから抜け出せず、閉塞感に包まれている。

八ッ場ダムの大きな特徴は、事業の長期化である。これは、計画そのものに内在するさまざまな問題が、ダム事業の進行を妨げてきたからである。八ッ場ダム事業が抱える問題と行政の対応を時代ごとに大まかにまとめると、次のようになる。

①一九五二～一九六四年　【水質問題】ダム予定地を流れる吾妻川《あがつまがわ》が強酸性であったため、中和事業を実施。

②一九六五～一九八五年　【住民の反対運動】国と群馬県が生活再建案を提示し、反対運動をアメとムチで切り崩し。

③一九八六～一九九二年　【住民の条件闘争】国、群馬県、長野原町の交渉により、地元がダム事業を受け入れる諸手続を進める。

④一九九四～二〇一二年　【膨大な関連事業】巨費を投じ、ダム関連事業が進む。工事完了のメドが立たず、工期、事業費の変更を含むダム計画の変更を三度実施。

④の「膨大な関連事業」は、国と群馬県が住民の反対運動を逆手に取って、これまでのダムに例のない多くの補償事業を八ッ場ダム事業に組み込んだ結果である。

八ッ場ダム予定地には一九七九年当時、三四〇世帯、一一七〇人が生活を営んでいた（群馬県調べ）。水没予定地は群馬県吾妻郡長野原町の川原湯《かわらゆ》、川原畑《かわらはた》、林、横壁、長野原の五つの大字にまたがっている。第二次大戦中、上流の群馬鉄山からの輸送路として敷設された吾妻線は、一九四五年、敗戦の年の一月に開通し、鉄山が閉山になった後は観光業に大いに役立った。

当時、川原湯温泉駅から温泉街への坂道は、観光客が列をなし

写真1　八ッ場ダム本体工事のため、吾妻渓谷に造られた仮排水トンネル（提供：八ッ場あしたの会）

たという。現金収入を求める人びとが大量に流入して、温泉街が隆盛を誇った最中のダム計画は、当然ながら住民の猛反発にあった。素朴な住民運動は歳月を経るにつれて弱体化していったが、地元はダムを受け入れるにあたって、ダムに沈む鉄道、国道、県道、温泉街、農村などをダムの湛水位より標高の高い位置に再建し、雇用の場を確保するなどの条件を提示した。

国と群馬県は、ダム予定地域の生活再建事業として鉄道や道路、住宅地の移転を含む地域振興計画を作成し、一九九二年には地元にダム事業を受け入れさせることに成功した。しかし、机上のプランは地形、地質を考慮したものではなかった。このため、V字谷の山腹に鉄道や道路を敷設するために、長大なトンネルを掘り、山を切り崩し、沢を埋め立てるという、無謀な工事が行われることになった。温泉街の再建地は、前例のない超高盛土の代替地を造成することになった。

代替地の造成はダム事業とは別枠で行われるため、造成費用が嵩む代替地の分譲地価は周辺地価よりはるかに高額に設定された。川原湯温泉も代替地に再建される予定だが、補償交渉が始まると、温泉街の先行きに不安を抱いた多くの住民が地区外に転出していった。

雇用の場として期待された「水源地域振興公社」は、一九八〇～九〇年代、群馬県が下流都県の基金事業によって維持管理費まで負担すると地元に約束したものだが、群馬県は下流都県の了解が得られないとして、二〇〇七年になって突然、「公社構想」の白紙化を長野原町に告げた。長野原町はその後も、基金事業によって地域振興施設をつくる計画を進めているが、人口減少、高齢化が進む中、箱モノを造っても果たして将来にわたって維持していけるのか、不安視する声が多い。

ダム事業が事実上スタートした一九六〇年代、反対期成同盟に加わった住民は全体の八割に達した。建設省が強引にダム計画を推し進めた一九七〇年代、反対期成同盟の樋田富治郎委員長が町長に当選したことからも、ダム反対が地元の民意であることは明らかだった。樋田氏はその後も当選を重ねたが、長野原町が含まれる中選挙区から福田赳夫、中曽根康弘と総理大臣が次々と輩出する中、町は孤立し、ダム事業を受け入れざるを得なくなっていった。国や県が地元民との合意形成に努める民主的な社会であったなら、八ッ場ダム計画はとうの昔に葬り去られていたはずだ。

八ッ場ダム予定地の現状

八ッ場ダム事業では、当初は水没住民が集落ごと代替地に移転する計画だったが、事業の遅れ、代替地の分譲地価の高さなどが要因となって、人口減少が進んでいる。特に集落のほぼ全域が水没予定地とされる川原湯、川原畑の両地区では住民の流出が著しく、人口はこの三〇年余りで四分の一以下に減っている（一九七九年に九三〇人であった両集落の人口は、二〇〇八年には二三七人、二〇一二年現在は二一八人）。

二〇〇九年の政権交代前の自公政権時代に、すでに地域は衰退の一途をたどっていた。それでも今もなお、群馬県知事や長野原町長は民主党のダム見直し政策が地元を疲弊させたと批判し、ダムが完成すればダム湖観光による地域振興が可能になるとして、八ッ場ダム本体工事の早期着工を訴えている。

だが、ダム湖観光は実現性に乏しいと言わざるを得ない。これまで

写真2　雪の川原湯温泉と吾妻川（提供：八ッ場あしたの会）

ダム起業者はダムと地域の共生を掲げ、ダム湖観光を盛んにアピールしてきたが、群馬県の山間部の、比較的水質の良好なダム湖ですら、観光が成り立っているところはほとんどない。八ッ場ダムは山奥ではなく、中流部が予定地であるため、さらに条件が悪い。

ダム予定地の上流域には、草津、万座などの温泉地が控え、浅間山麓では牧畜、畑作が盛んである。人口が多く、経済活動が活発な上流からは、生活雑排水、家畜の糞尿、温泉水などがダム予定地の吾妻川に大量に流入しているため、今も吾妻川は常に濁っている。その上、ダムに水を貯めれば、水質はさらに悪化するであろう。

また、八ッ場ダムは洪水調節（治水）のために、夏場は水位を満水位から最低でも約二八メートル下げることになっており、渇水になれば補給のため、最大で約四七メートル下まで下げることになっている。観光シーズンの夏場に水が少ないダム湖では、観光は成り立たない。吾妻川の水質が悪いことは地元ではよく知られているため、有力者らの建前とは裏腹に、ダム湖観光に未来を託せると本音で思っている一般住民はほとんどいない。

土地の自然をよく知る地元の人びとの中には、むしろダム湛水による地すべりの危険性や代替地の安全性を心配する声がある。ダム湖予定地は浅間山から二〇〜三〇キロメートル下流に位置する。ダム湖予定地の周辺は、火山活動の影響や地下のマグマの働きによって〝地すべりのデパート〟と呼ばれるほど脆い地層が特徴となっている。

地質学者らが八ッ場ダム湛水による災害誘発の可能性を指摘してきたことから、国交省は八ッ場ダム湖の周辺で地すべり対策、代替地の安全対策を実施するとしているが、具体的な対策は詳細な調査を行ってから決めることになっている。八ッ場ダムを造るのであれば、危険性を回避するための対策は不可避だが、これらの対策のためにさらに事業費が膨れ上がり、工期が延長される可能性が高い。矛盾を先送りし続ける限り、八ッ場ダム問題は解決しない。

八ッ場ダムの予定地はこれまでに大きく破壊されてきたが、ダム事業が中止になれば再生の可能性はある。ダム予定地にはいつの季節も観光客を魅了する名勝・吾妻渓谷があり、自然湧出の川原湯温泉がある。そして近年では、水没予定地の埋蔵文化財も注目されている。ダム事業によって、現地では大規模な発掘調査が行われてきており、貴重な縄文遺跡が数多くあることや、水没予定地全域が江戸時代・天明三年の浅間山噴火による火山災害遺跡であることが明らかになりつつある。天明泥流に覆われたダム予定地には、泥流でパックされたために各時代の遺跡がきわめて良好な状態で遺存している。関係者の中には、ダム事業が中止になれば、国指定史跡として遺跡を保存し、ダム中止後の地域振興に役立ててはどうか、という意見もあるという。

声をあげることもできず、ダム事業にがんじがらめにされている人びとが普通の生活を取り戻すためにも、地元の犠牲の上に成り立っているダム事業は止めなければならない。半世紀以上ダム事業に壊され続けてきた地域を、地域本来の価値を見出すことで蘇らせることができるなら、未来に希望をもつことができるのではないだろうか。

（八ッ場あしたの会事務局長）

ダムに翻弄される長野原町の財政

町独自のまちづくりへ

大和田一紘

人口流出が進む長野原町

長野原町は、群馬県の北西部に位置し、地域のほとんどが標高五〇〇メートル以上の険しい高地で、浅間高原を除いては、東に伸びる吾妻川《あがつまがわ》の河岸段丘上に集落がある。

長野原町の「わたしたちの長野原未来計画」（第四次長野原町総合計画二〇〇六〜二〇一五）は、吾妻川流域に代表される自然環境を町民は誇りにしており、この自然環境は長野原町ならではの貴重な資源であることから、新たなまちづくりに生かすことが必要とうたっている。その中心は内外に周知の吾妻渓谷である。その玄関口に八ッ場《やんば》ダムが建設中で、ダムの完成予定時期と第四次総合計画の終了期が妙に重なり合う。

八ッ場ダム建設計画ほど政府のダム建設計画の変更がくり返され、旧中曽根派と旧福田派の対立のルツボに翻弄された例はない。一九四七年のカスリーン台風の洪水被害を受けてダム計画ができたので、二世代にわたる長期事業である。

町の人口動態はダム建設による水没地域と農業が盛んな地域とでは大きく異なっている。とくに、一九九一年から始まったダム関連産業時の人口微増、二〇〇〇年度以降、東部の水没地域はダム建設の受け入れで用地買収や代替地造成で移転を余儀なくされ、一気に人口流出が進んだ。(図1)

ダム建設で膨れ上がる歳入

ここで、八ッ場ダム建設開始前のバブル経済の時期から、ダム事業の進行過程で町の財政の仕組みがどのように変更を余儀なくされていったかを、町の四分の一世紀の財政分析を通して見ていこう。そしてダム事業の進行と完成が、今後の町財政にどんな影響を与えていくのかを明らかにしたい。

図2は、自治体の年度ごとの財政状況を一枚の表にした決算カードから、長野原町の歳入の変化をグラフ化したものだ。大部分の自治体は、四大財源とされる地方税、地方交付税、国庫支出金、地方債が七～八割を占める構造になっているが、長野原町の財政も一九八八年度までは日本のどこの自治体に

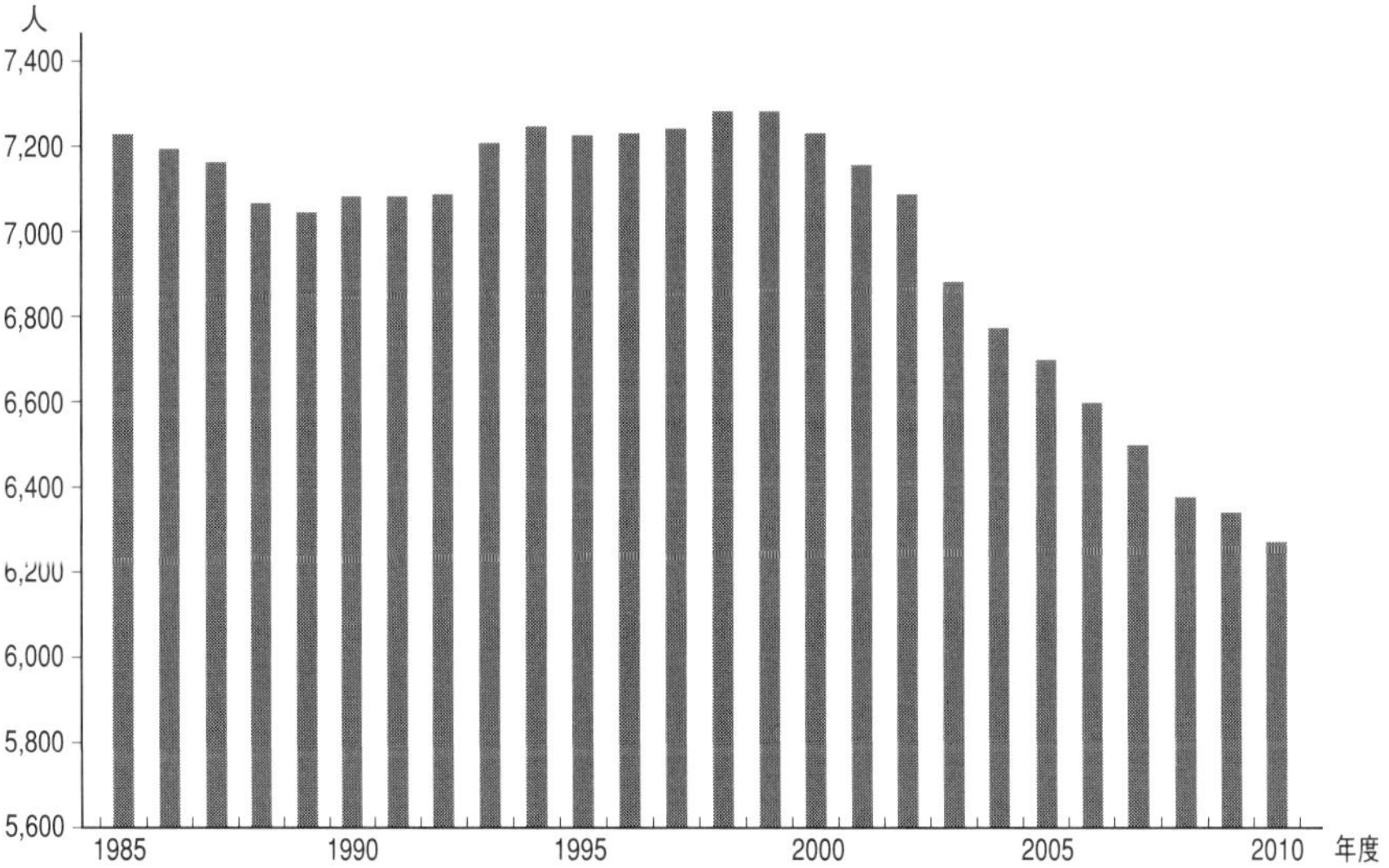

図1　長野原町の人口の推移

もみられる姿をしていた。

ところが、ダム関連事業が始動すると、その形が崩れる。そして、二〇〇一年以降の代替地造成や移転の本格的稼働とともに、歳入が乱高下していく。

一般的に、公共事業などの外部誘致型の歳入変化は、歳入規模が微増し、その中味は奨励的補助金である国庫支出金や都道府県支出金、さらに一時的出稼ぎ的な地方税の増加として表われてくるものだ。しかし、長野原町の場合は劇的だ。

ダム事業が始まるとともに財政規模が長野原町とほぼ同規模の隣町の草津町とくらべて、約二倍の大きさになる。財政規模だけでなく、歳入構成も様変わりする。どこの自治体でも、大きな支出を必要とする事業がある場合に特定の目的のために積み立てた基金をおろして使う「繰入金」や、国や都道府県の法令にもとづいて土木の補助事業に充てる受託事業収入である「諸収入」は、歳入のせいぜい二〜三パーセント程度だが、長野原町では、繰入金や諸収入が第一位や第二位を占めることさえある。

長野原町の財政の強さを表わす財力指数〇・五〇

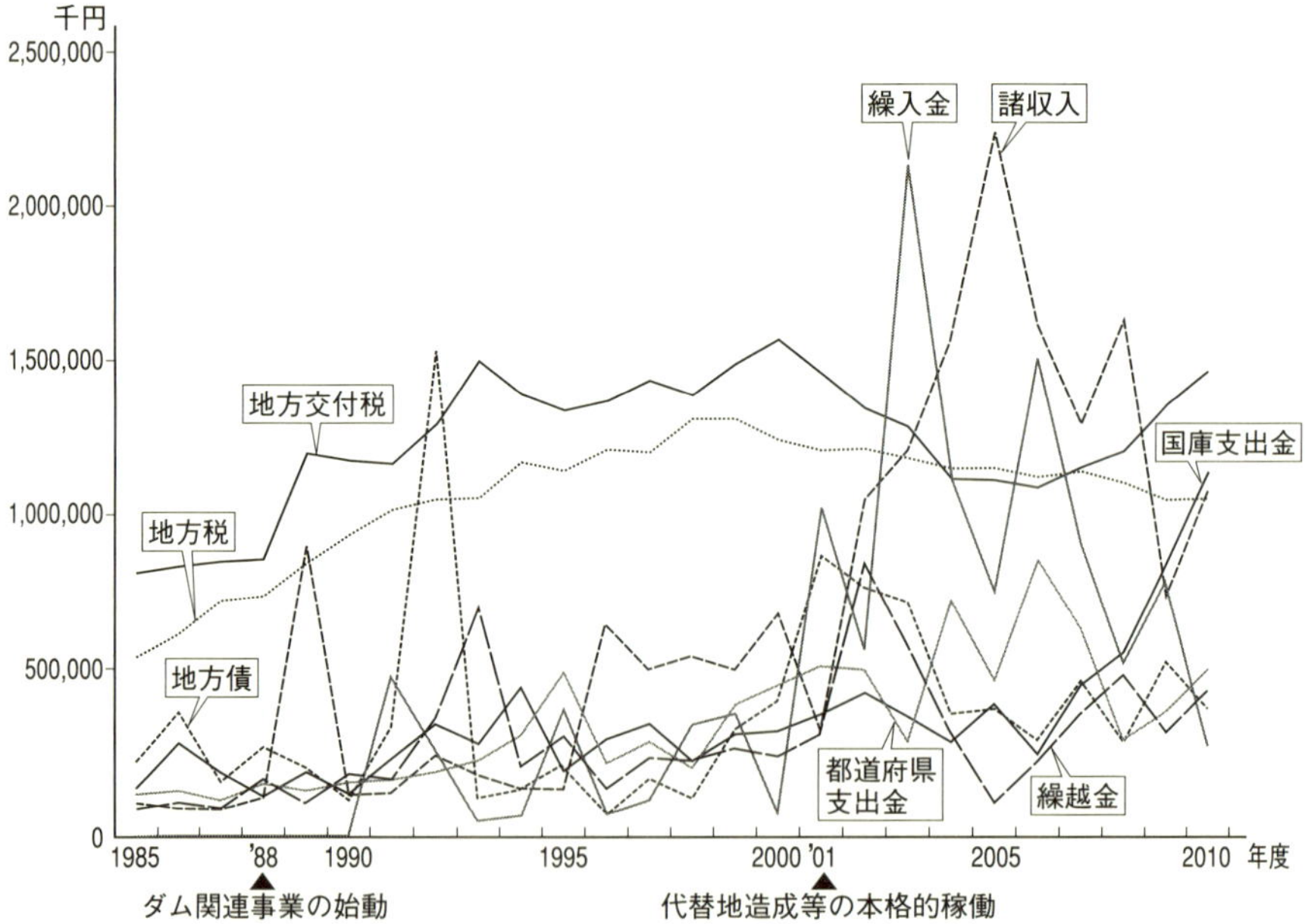

図2　長野原町の歳入決算額の推移

は、二〇〇九年度に全国七二の人口規模や産業構成の似た自治体（以下、類似団体と呼ぶ）の平均〇・四八とほぼ同じであるから、ごく平均的である。しかし、類似団体とくらべて財政規模が二倍ほどなのだ。

二〇一〇年度の人口一人当たりの歳入合計が、長野原町では一一二万一〇九九円、類似団体では六八万七一四九円。科目別にみると、人口一人当たりの都道府県支出金が八万三九四五円（類似団体五万七一七八円）、国庫支出金一八万四九四二円（類似団体八万七七四三円）、諸収入一七万五三二二円（類似団体一万七六五九円）、繰入金四万六六五〇円（類似団体一万六六四六円）、繰越金七万四三九一円（類似団体二万七四三一円）となっている。臨時のヒモ付き歳入である特定財源の多さが激しい。

とくに、類似団体の約一〇倍にもなっている諸収入の原資はダムの下流都県の負担金であり、地方税や地方交付税を上まわっていることがたびたびある。また、繰入金は主に基金会計からのもので、ダム関連の公共事業のために次年度以降は使い道が定まっている特定目的基金である。

ダム事業が経常的経費を膨れ上がらせる

つぎに歳出構造をみてみよう。長野原町ではここ数年、土木費のほか総務費と教育費がおおむねトップを占めている。といっても、水没による用地・代替地取得を総務費で、水没する学校の移転と建設費用を教育費で、ダムの周辺の基盤整備や下水道の赤字補てん分である繰出金を土木費でまかなっており、結局、ダム事業のための支出が増大しているのである。

二〇一〇年度の主要項目を性質別にみると（**図3**）、全国的な傾向は歳入と同様に一九八八年までで、その後はダム関連事業の進行とともに、投資的経費・積立金・補助金等が乱高下しながらも膨大になっている。

その内容を見ると、第一に、投資的経費が高い割合を占め異常である。二〇一〇年の類似団体比較カードで人口一人当たりをみると、長野原町が二五万七〇四六円に対して類似団体は一二万五〇七〇円と二倍になっている。

第二に積立金、すなわち貯金が歳出全体の二一・五%で、一人当たり二一万七二七八円となっている。類似団体は四万六七六三円でしかない。しかし、多く積み立てているから財政が健全である、というわけではない。積立金が高いのには、二つの理由がある。一つは、次年度以降は土木やハコモノに使い道が定まっている特定目的基金、もう一つはダム完成後、急速な歳入規模の削減に備えてフリーハンドに使える財政調整基金を「潤沢」にしておかなければ持ちこたえられないための備えである。ちなみに長野原町の一人当たりの積立金現在高は、八〇万五二二九円、類似団体では二八万二九二六円である。

第三に補助費等が高いのは、俗に財政規模が大きいと補助金のバラマキ傾向になりがちになるとともに、

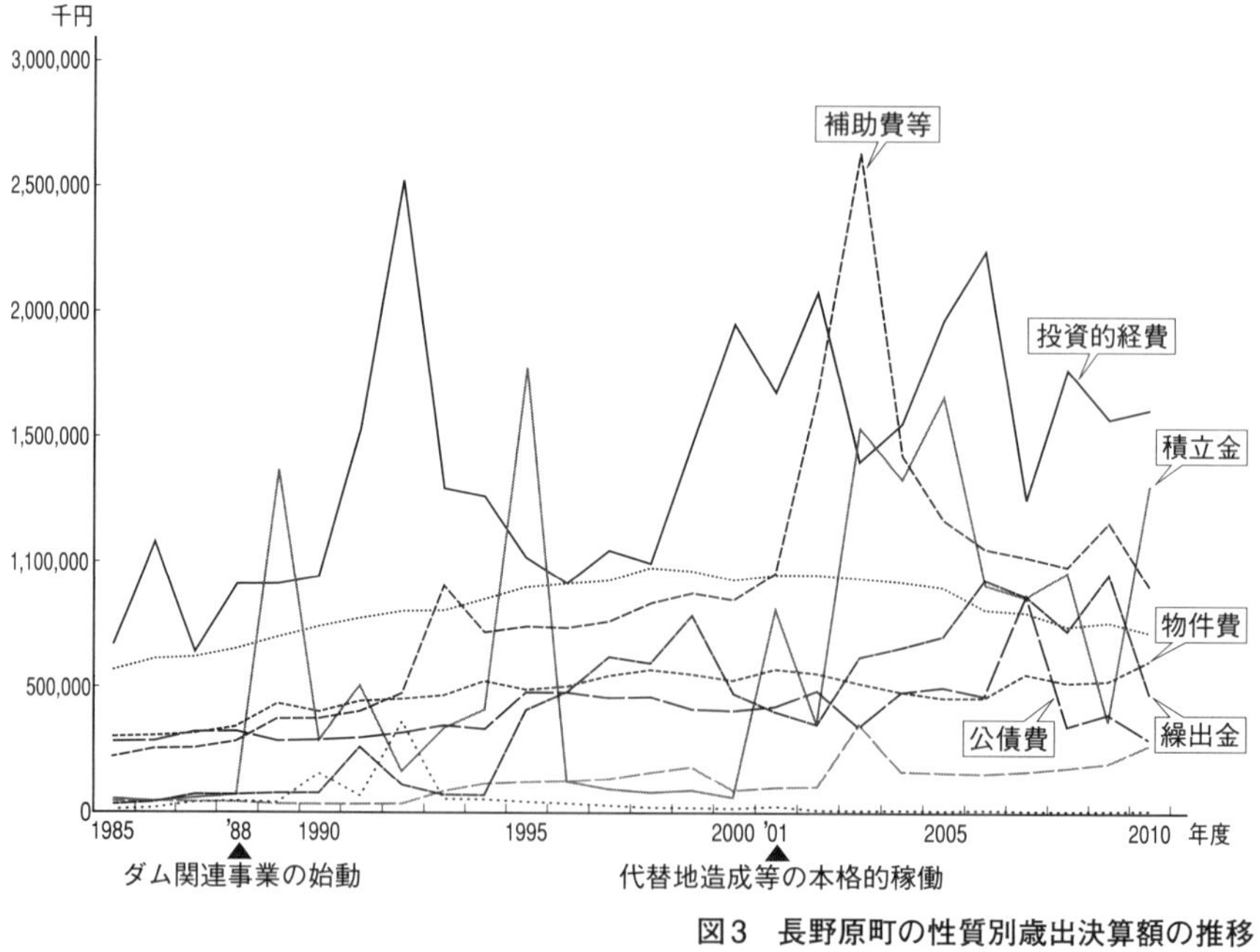

図3　長野原町の性質別歳出決算額の推移

最も公共性の高い公立病院である西吾妻福祉病院の赤字分を普通会計で補てんする繰出金が、毎年二〜三億円におよんでいることが要因となっている。ダム建設後、歳入規模が二分の一に縮減しても、補助費等、物件費、繰出金、公債費などの経常的経費は削れないで継続的に残るものである。

お金があるようでじつは足りない

見かけ上、健全にみえても注意が必要なのが、決算収支（やりくり）の数値である。自治体の決算は本来、利益を出さないものだが、「黒字」を示す実質収支比率が三〜五％になることが、留保財源を確保する意味でも望ましいとされている。しかし、二〇〇八年度で、長野原町は二二・六％にもなっている。それは分母となる標準財政規模に、ダム事業のために下流都県が支出した諸収入や基金からの繰入金が含まれないためであり、長野原町の場合は、財政コントロールができいていない証左といってよい。

また、普通会計の債務と基金を決算カード（二〇一〇年度）でみれば、地方債現在高が約四一億円に対して、積立金現在高が約五〇億円あるから大丈夫という見方もされがちであるが、財政調整基金が約二三億円にとどまっている。今後、ダム建設にともなう公共事業の維持補修がかさみ、租税力が落ちていく町にとって十分な額とはいえない。

一般的に財政の余裕度をみる指標の経常収支比率をみてみよう。町村の場合、六五〜七五％ならば適正で、九五％以上ならば新たな投資ができないほど硬直しているといわれている。この約二〇年間の経常収支比率の推移（**図4**）をみると、公共事業の始動期であり、最も経常収支比率が低い一九九二年は六三・〇％、二〇〇四年は一〇〇％を超える一一四・二％、二〇一〇年には少し持ち直して八八・二%となっている。

経常収支比率を押し上げた要因を探ってみよう。最も高いのは補助費等で九・六%→四〇・二%→二九・〇%。次に顕著なのは繰出金で〇%→五・七%→七・〇%。そして、物件費一〇・七%→一二・四%→一三・四%。「歳出比較分析表」(二〇〇九年度)によると、経常収支比率(合計)の中に占める補助費等の割合は三〇・〇%(約九億円)で、類似団体七二団体の平均一四・五%を大きく上回り、最下位の七二番目となっている。具体的には西吾妻福祉病院への支出が大きく、財政的にはダムどころではないところである。まさに小規模自治体にとって身の丈に合わないダム事業のために、歳入歳出の両面で町の財政が歪められているのである。

続行も問題、中止も問題

最後に、八ッ場ダム建設の進行が、今後の町財政に与える影響をみていこう。

ダム完成による財政メリットとしてあげられるのは、国有資産等所在市町村交付金(いわゆるダム交付金)が入ること。固定資産税と同じ扱いと仮定すると、年に約一〇億円が一般財源として見込まれる。しかし、これは地方交付税額を決め

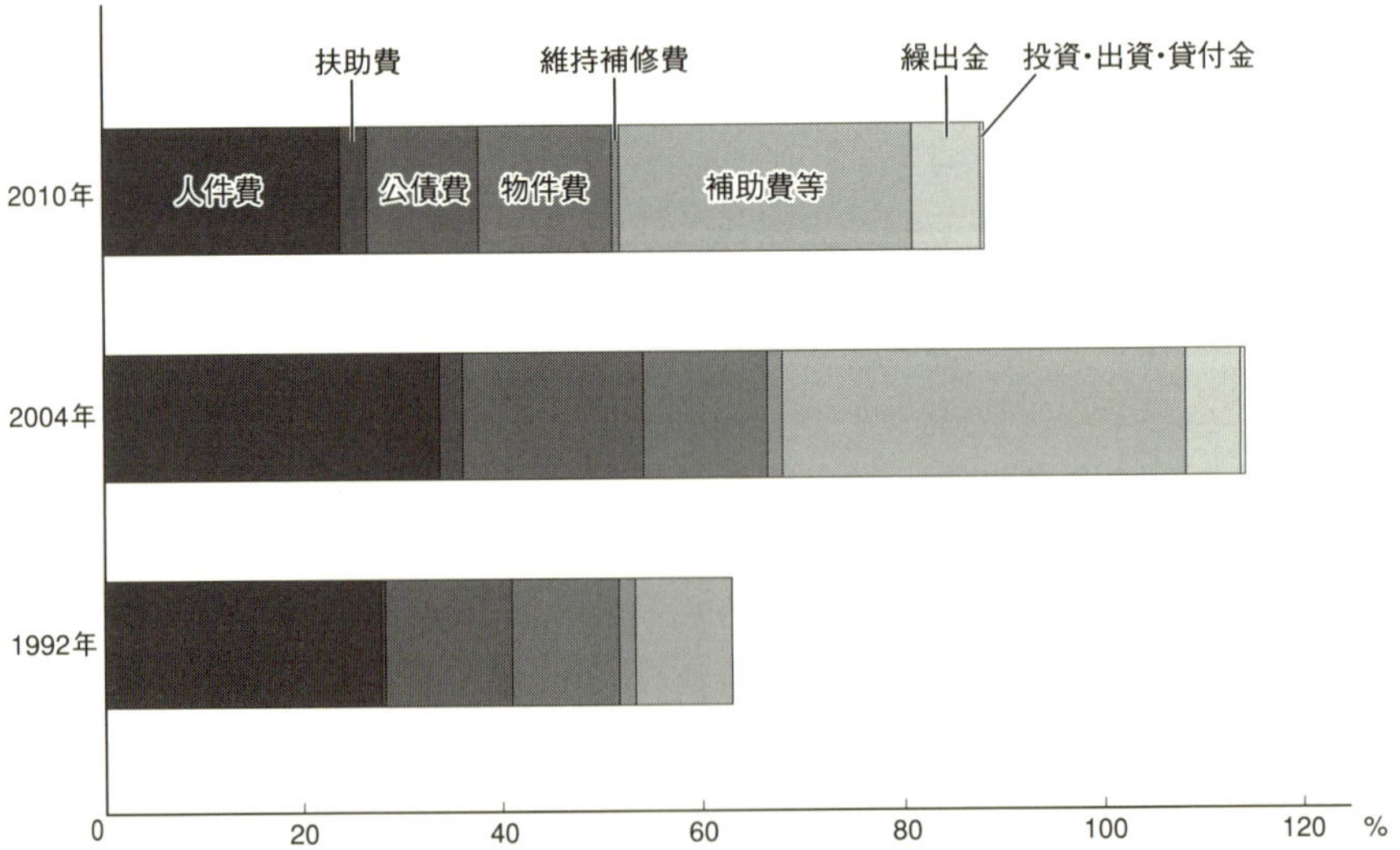

図4　長野原町の経常収支比率の推移

る際の「基準財政収入額」に算入されるので、その七五％が地方交付税と相殺されてしまう。また、完成後、減価償却によりダム交付金自体が減少する。

さらに、住民の町外移転で人口が激減するので、その自治体に必要な財政規模として算出される「基準財政需要額」がさらに減少し、二重の交付税減少に苦しむことになる（地方交付税＝基準財政需要額─基準財政収入額）。

また、ダムが完成すると、二〇一〇年度に約一一億円あった諸収入や群馬県支出金の大半が失われ、七〇億円の財政規模が近々三〇～四〇億円に縮小していくだろう。

それでは歳出面からみてみると、ダム関連の事務を担っている人件費の大半を占めている町職員は、財政規模が縮小したからといって簡単に削減できない。また、ダム建設にともなう新設の身の丈を越えた学校、体育館、流域下水道などの建設後の維持補修や管理費が重くのしかかってくる。これまでの公債費や病院を支えた体力（補助費等）も支えきれない。

それに合わせた歳出計画に削減するのは並大抵ではない。二〇一〇年度の財政調整基金二三億円で来るべき時期に備えることは到底できない。じつは、ここまでダム依存型財政が進行すると、ダムの続行も問題、いま中止としても問題なのである。

本当に再建するには

残念ながら、現状の地方財政の枠組では、長野原町の財政の健全化の妙案は出てこない。では、どうするのか。

それは、一度は中止を前提に考えた八ッ場ダム建設の見直しを、全国のダム事例につながる視点から考察することである。それには、水没する地域住民だけでなく、長期的展望をもった政治的解決を、地域住民の生活再建と生活安定を中心として、長野原町全体の中で位置付けることである。

とくに、八ッ場ダム問題について責任の大きい政府は、特別な措置を行うべきである。たとえば国土交通省の「まちづくり交付金」を町へ交付し、温泉再生など、町独自のまちづくりへの財政的援助を行ったり、特別地方交付税の使い方も検討されるべきである。そして着工抜きの生活再建支援を早期に行うための特別立法を制定することも必要である。

都県レベルではどうであろう。数千億にもおよぶ一都五県の負担金のその一部を各都県に返還し、この財源で群馬県が長野原町の救済にあたるということも考えられる。

長野原町レベルでは、まず長期財政計画の見通しを明らかにすることである。とくにダム関連の歳入歳出両面の歪みを排した本来の姿の財政資料を提示することは必須である。そしてダム建設がもたらした地域の分断を融和していく。ダムのない町南部の北軽井沢地区との格差を埋めていくような施策もその一つだ。一方で、ダム開発という二〇世紀の負の遺産を、観光含め逆転の発想で活用するような知恵も求められるであろう。

（ＮＰＯ法人多摩住民自治研究所理事長）

ダム岩盤と代替地の安全性を問う

地盤崩壊のおそれ

中村庄八

想定外の地質災害

八ッ場《やんば》ダム本体の建設が、国土交通省関東地方整備局および有識者会議の検証で継続されることになった。福島第一原子力発電所の事故で明らかになった、安全神話をつくり上げてきたいわゆる「原子力ムラ」と同様に、ダム建設においても「河川ムラ」ができあがっていたと言えるだろう。

一億トンにおよぶ水を貯めるダム湖が完成した場合、ダム堤体や湖岸域でどのような災害を誘発する可能性があるのか。このことについて、八ッ場ダムを計画し建設する人たち、ダム湖岸で新たな生活を始める地元住民はわかっているのだろうか。大昔より地域の人びとの生活地盤となっている足元の地球がさけぶ声をぜひ聞いてほしい。

本章では、地質災害が発生する可能性の高い四つの具体例を、視覚的に理解しやすいように三〜四コマの推移図として描いてみた。地質災害は、数年先に発生する場合や、さらに先の私たちの子や孫の世代になって発生するというような遠い先の場合もある。

八ッ場ダム堤体底上げ後の崩壊シナリオ

八ッ場ダムは、堤高一三一メートル、堤頂長三三六メートルの重力式コンクリートダムとして計画された。満水位の湖面標高は五八三メートルである。

ダム堤体の直下および側壁には、現在、吾妻川《あがつまがわ》の流路方向や吾妻渓谷の峡谷形成に大きな影響を与える、吾妻渓谷断層や見晴台東断層をはじめとし、多数の小断層が存在する（**図1右**）。その一方で、吾妻川や吾妻渓谷が誕生する数百万年以前の大昔に目を向けると、その時代に造られた断層や割れ目にそって強酸性の温泉水が上昇していた。この温泉水は、周辺の岩盤に大きな影響を与えた。地質学では、この影響を熱水による「酸性変質作用」と呼び、この変質作用は岩盤を非常にもろい粘土質に変え、場所によっては粘土帯そのものに変えた。

多数の断層や酸性変質帯を生み出した地質を直接の岩盤とするダム堤体は、ダム湖完成直後から漏水が発生する可能性が高い弱点があった。このような事情から計画の初期段階では、ダム堤体を岩盤から二〇メートルも掘削することになっていた（基礎掘削深度）。

しかしその後、国交省関東地方整備局事業評価監視委員会により、八ッ場ダム建設事業費のコストカット（縮減）の再評価が行われた。結果として、安全性を重視した初期設計を変更し、断層や酸性変質帯の存在を無視した、国交省手持ち資料を拠りどころとする再評価から、ダム底の基礎掘削深度を約二〇メートルから一五メートルも上げて、約五メートルにし、堤体積の四三パーセント縮小を打ち出した。

このように地質事実を隠蔽した決定は、ダム崩壊のシナリオにつながる最悪事態を招きかねない。シナリオはダム湖完成後の未来の予測である。天気の長期予報と同様に、現時点で先々の結果を知ることは不可能である。当然、国交省担当局は**図1**のシナリオにはならないと言うであろう。

ダム堤体の崩壊シナリオ（**図1**）

（1）八ッ場ダム堤体の断面形は、当初計画では点線のように大きかったが、断層を無視したコスト縮減評価後、実線のように縮小された。

（2）ダム湖完成直後、深さ五メートルの基礎掘削では、堤体直下にある吾妻渓谷断層の破砕帯に約一億トンの水圧がかかり、水が浸透していく。当初計画の場合ならば、堤体底が深さ二〇メートルあり、水の浸透は大幅に減じる。

（3）ひとたび堤体直下から漏水が始まると断層破砕帯内では地下水流による岩盤剝離や浸食作用が進行する。

（4）堤体南端の岩盤および山斜面にも、割れ目やすき間のめだつ開口性の見晴台東断層がある。この断層か

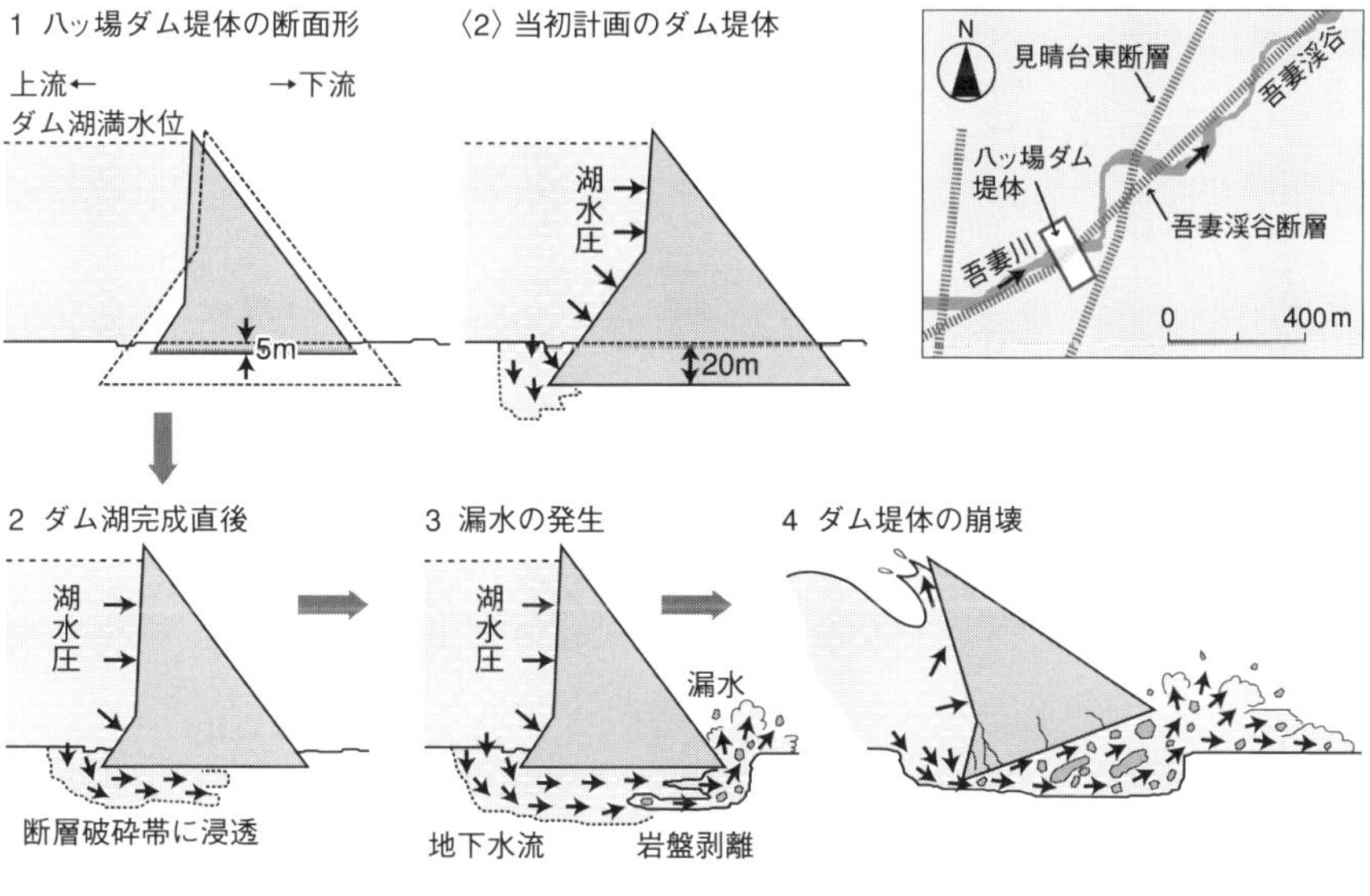

図1　コスト縮減によるダム堤体の底上げ後の崩壊シナリオ

出典：『地学教育と科学運動』66号，地学団体研究会，2011年

らも漏水が始まる。と同時に、堤体底の浸食も影響し、ついにダムは決壊する。

ダム下流域の吾妻川岸や利根川岸の近接域で生活する住民は、このシナリオをどのように見るであろうか。

谷埋め代替地の崩壊シナリオ

図2の吾妻川両側の点線部分がダム堤天端の標高である。そして、ダム湖完成時の湖岸線には、**図2**に示されるように、数多くの地すべり地形や地すべり塊《かい》の存在が指摘されている。そうした場所に、ダムに沈む地域に住む住民のために代替地が用意された。そのひとつ打越《うちこし》代替地は、今住んでいるところの上の山地に盛土《もりど》や切土《きりど》をして土地を造るものである。代替地の盛土の法面《のりめん》勾配（盛土や切土などの斜面の傾き度合）は許容安全率が確保されているとのことである。

しかし、この基準は、盛土を構成する土砂が粒子間移動・液状化・風化・地下水浸食などの発生しない安定地盤でのことである。実際には盛土の大部分がダム湖の下になる。治水・利水を目的とするダムは、毎年、最大二八メートルの湖水面変位がある。ビルの高さに直すと約一〇階建てに相当する。地下水は一年に何回も盛土内を流れ下ることになる。

北海道のゴルフ場で地下に空洞が生じ、ゴルファーがその底に転落

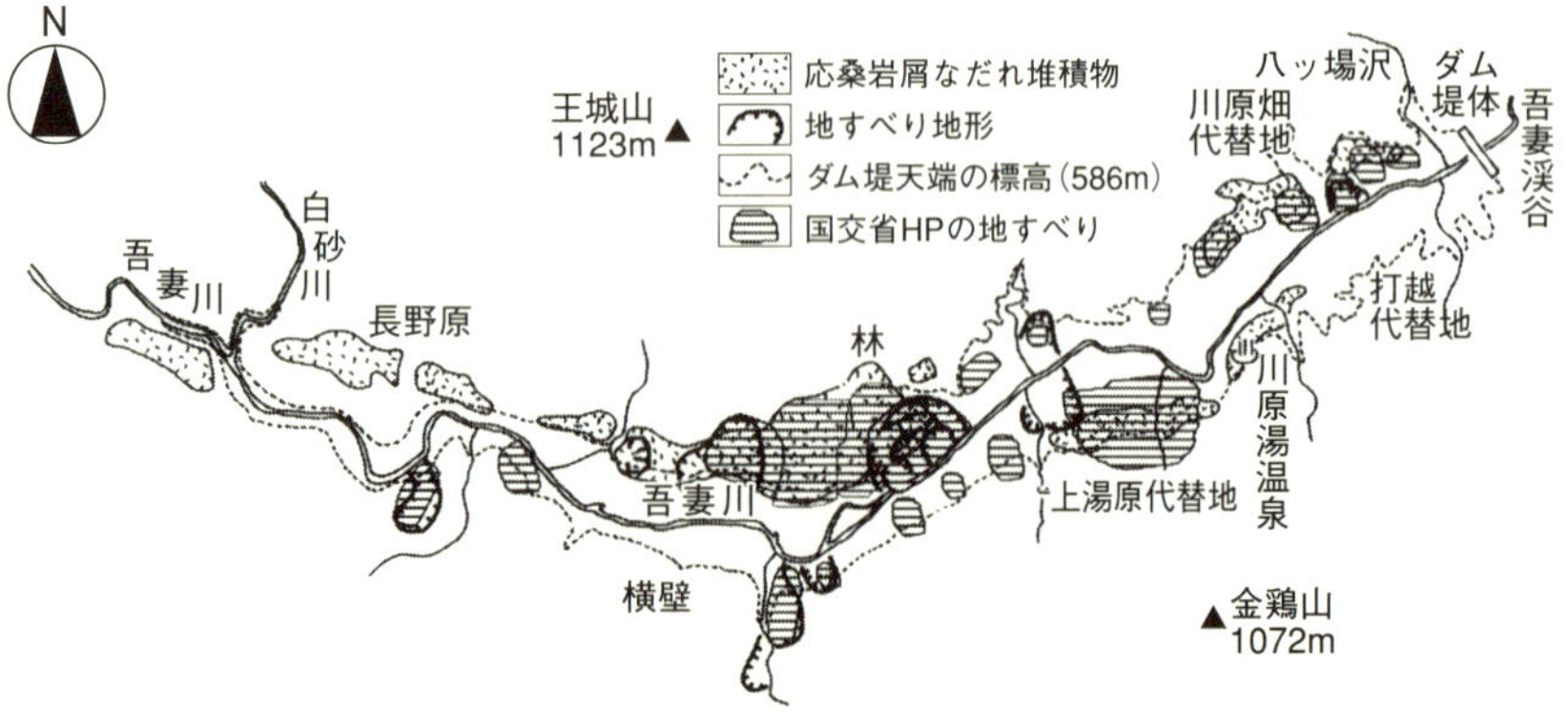

図2　八ッ場ダム湖岸線と地形・地質

出典：図1に同じ

する死亡事故があった。二〇〇九年のことである。空洞部は、その一六年前に火山灰で埋めた谷で、長年の地下水の流れが高さ五メートルの大きな空間を地下につくった。現在、安全性が基準値を満たしていても、地下の様相は年月の経過とともに変化していく。安全神話や数字のからくりは、地下水や時間《とき》の流れを無視するところに潜むこともある。

打越代替地も同様の空洞が発生しない保証はない。むしろ、谷埋め、土石の岩質、地下水の流れから、空洞が複数できる可能性が高い。盛土工事では、多量の変質帯の岩石とその細粒物も母材として埋め土や敷石に使用されている。

二〇一〇年五月下旬と二〇一一年八月上旬の集中豪雨時に、打越代替地の谷底部分で、雨水から変化した地下水によって盛土の土砂が崩れ出していた。ダム湖誕生前の代替地では、すでに二度も崩壊前兆が現われた。その一例が**写真1**である。馬が地面を蹴ったときにできるひづめ状のくぼ地である。このような崩れは馬蹄形崩壊といわれ、地すべり地などでしばしば見うけられる地形である。自然は、私たちに「谷は谷にもどる」摂理を見せつけていると言えよう。

谷埋め代替地の崩壊シナリオを**図3**に描いた。国交省担当局は、ダム崩壊と同様の論理で、そのようなシナリオにならないと説明するであろう。

（1）盛土内の細粒物を地下水が流す。

（2）その土砂流出により空洞ができる。また、ダム湖の水が、風化した変質岩の石垣を洗い流す。

写真1　降雨直後の水抜けにともなう馬蹄形崩壊

（3）空洞が陥没し盛土が崩壊する。

もしこの代替地を安全に守るには、すべての盛土湖岸に岩盤内まで基礎を食い込ませる鉄筋コンクリート製の擁壁、護岸堤防、防潮堤のような構造物の設置が必要となるであろう。

上湯原代替地の崩壊シナリオ

昭和のレトロ調で温泉ファンに親しまれた川原湯《かわらゆ》温泉街は、ダム湖完成後に湖底となる。温泉街の南西に「原《はら》」と呼ばれる緩傾斜地がある。その代替地名は上《かみ》湯原《ゆばら》という名称になっている（**図2参照**）。この地は温泉街の移転先の一つとなり、川原湯温泉のJR新駅も建設中である。

緩傾斜地の南側は、金鶏山《きんけいざん》（一〇七二メートル、金華山とも呼ばれる）からアーク状の稜線ぞいに岩壁・岩塔の峰々がそびえ、急な斜面を形成している。その地形を**写真2**に示す。北側に開放した

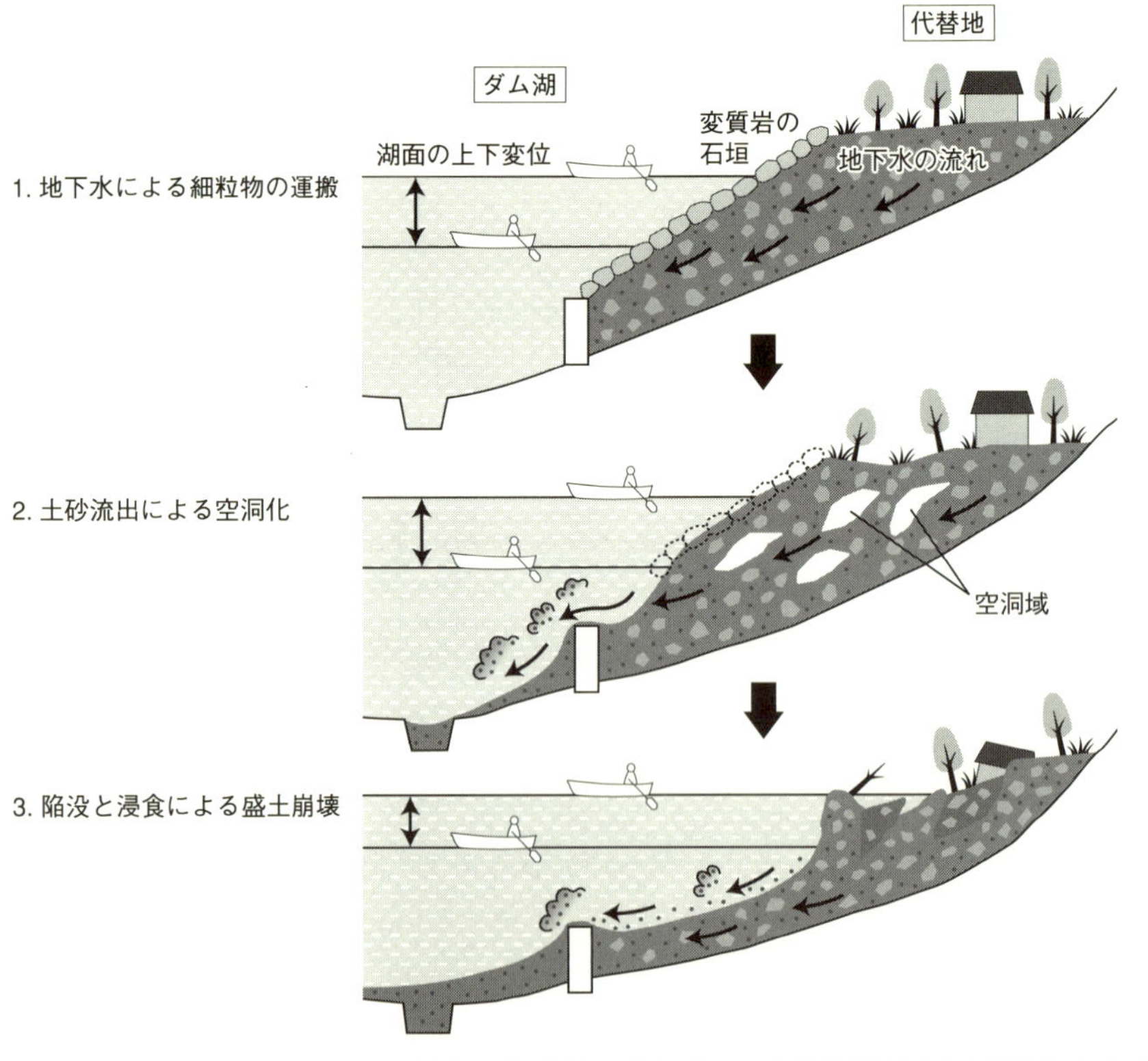

図3　ダム湖完成後に始まる打越代替地盛土の崩壊シナリオ

すり鉢状地形で、急峻な稜線部から始まるいくすじもの沢は、すべて緩傾斜地「原」に収斂する。それは握りしめたグーの形からパーに広げようとする半開きの形をとる。広げたときの、手のひらが緩傾斜地に、五本の指が沢すじに対応する。

つまり、上湯原代替地は、沢の水や地下水がすべて集まる宿命的な場所である。一九三〇年の豪雨で土石流が発生しているが、この地の住宅の直前で止まったとのことである。現在、沢すじには、落石や土石流対策として多数の砂防ダムがあるが、それでこの地の安全を本当に確保できるのであろうか。

上湯原代替地の崩壊シナリオ（**図4**）

（1）上湯原代替地となるすり鉢状地の底には、急斜面から崩れた大小の岩片が積もった地層がある。崖錐《がいすい》性堆積物である。崖錐性堆積物自体は雨水を通しやすく、地下水脈が発達し山麓のいたるところから水が湧きだしている。

（2）代替地が完成すると、そこに道路と鉄道が敷かれ、大型車や電車の走行により地盤震動が日常化する。その結果、すり鉢状急斜面からの落石が頻発する。実際に近接域の川原畑《かわらはた》地区代替地において、二〇一〇年四月に開通した国道一四五号線バイパスぞいで九月と一一月に二度も落石が発生した。場合によっては、地震が引き金となる可能性もある。一方、湖岸側の盛土は、多量の地下水によって崩壊が進む。

写真2　上湯原代替地のすり鉢状地形

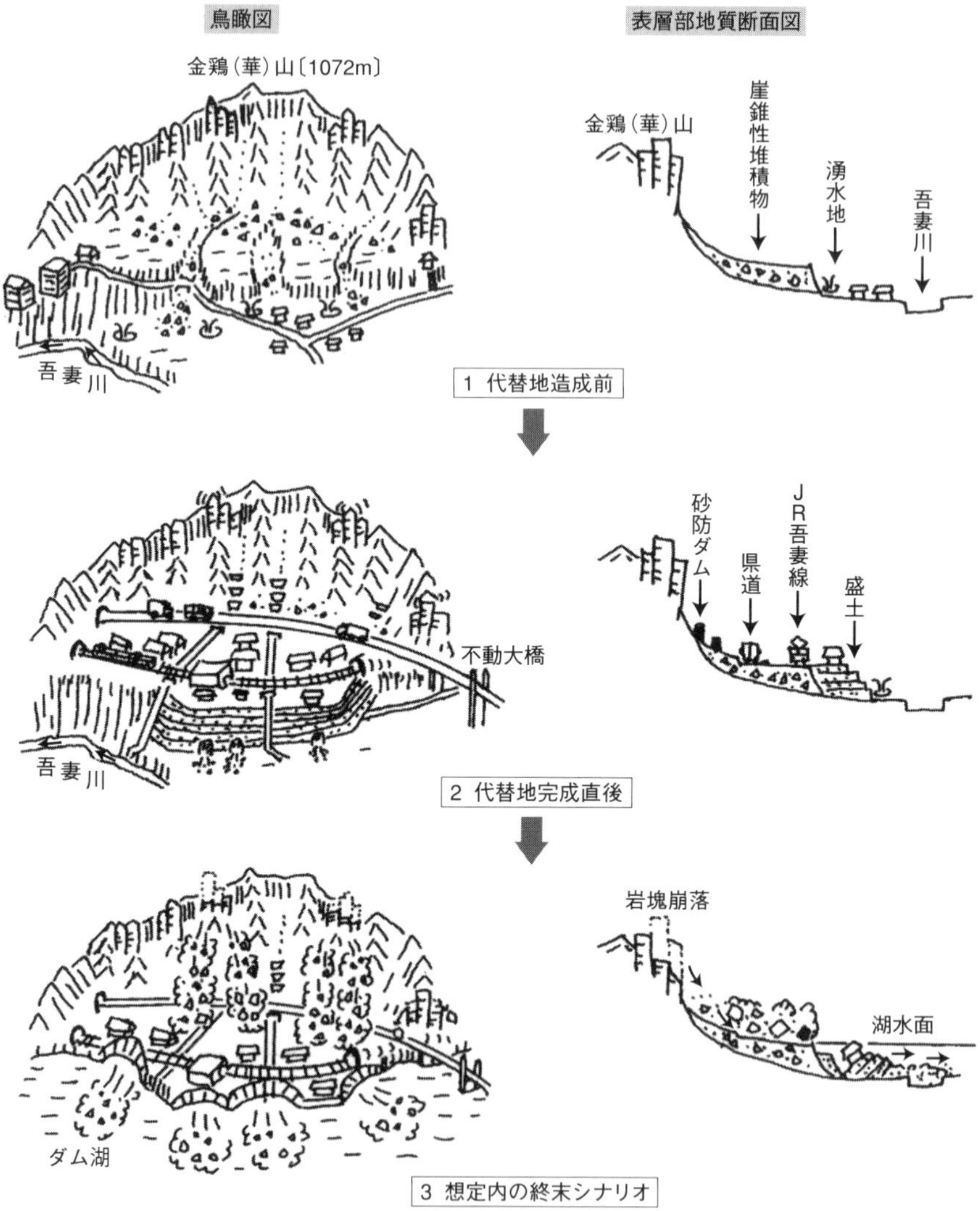

図4　上湯原代替地の崩壊シナリオ

（3）ゆくゆく代替地は、貯水完成前から岩塊の崩落が頻発し、盛土の崩壊もじわじわと進行する。ダム湖完成後、盛土斜面の崩壊や地すべりが頻発し、盛土部は湖底に沈む。対策には打越代替地と同様に巨大な構造物の設置を必要とするであろう。

子地すべりが引き金となる親地すべりの崩壊シナリオ

林地区（**図2参照**）には、地区をつつむ大きな地すべり（「親地すべり」といってもよい）があるとされる。親地すべり内には、いくつもの小さい地すべり（「子地すべり」といえる）がある。東側の子地すべりは一九八〇年代に二度動き、JR吾妻線の運行が妨げられた。地すべり地区に指定後の現在も、地下水の抜き取りが、地下に埋め込まれた多数のパイプで続けられている。

地すべり塊の多くは、竹本弘幸・久保誠二が命名した「応桑岩屑《おうくわがんせつ》なだれ堆積物」と呼ばれる地層からできている。八ッ場周辺地域ではこの堆積物を至る所で見ることができる。吾妻川上流域の浅間火山は活火山で、今でもときどき噴火をするが、二万四〇〇〇年前に大爆発を起こし、山体の東半分がくずれて吾妻川沿いをなだれのように流れ下った。応桑岩屑なだれ堆積物は、そのときに運ばれてきた火山砂や岩塊が、無造作に集積したもろい火山性の堆積物である。狭い吾妻渓谷で一時的に塞《せ》き上げられ、吾妻川沿いの緩傾斜面に多量に積もった。それも、上流部の長野原地区を除いて、ダム湖完成時の湖岸線とみごとに一致している（**図2参照**）。

当時の斜面にぶら下がるように積もった応桑岩屑なだれ堆積物の内部では、ダム湖完成後、湖面の水位変位に歩調を合わせるかのように、地下水位の昇降が繰り返される。その結果、あちこちで崩落や地すべり活動が誘発されるであろう。

林地区の子地すべり塊が崩れると、その上側にある親地すべり塊は、手前の支えを失うことに

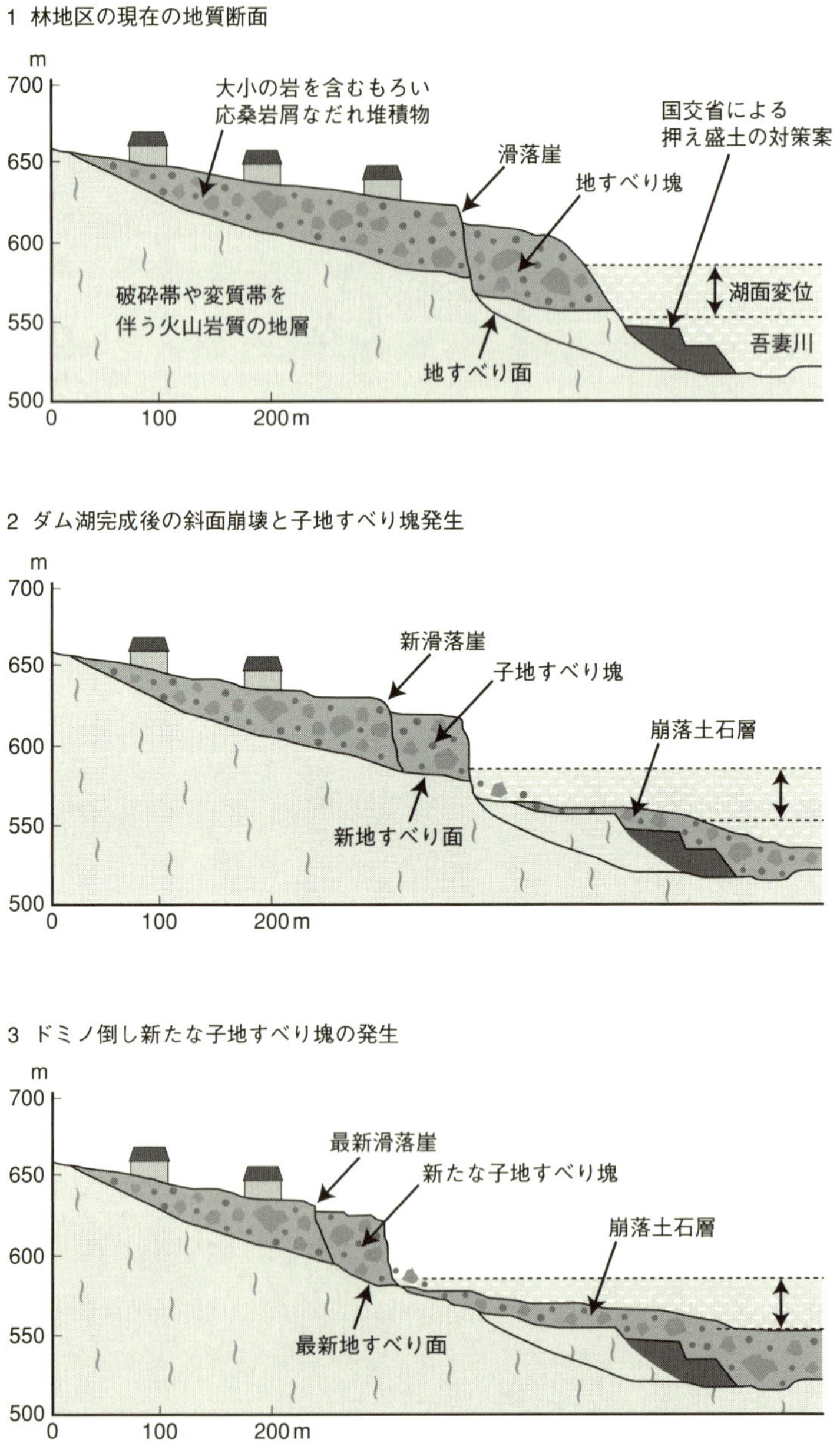

図5 ドミノ倒し地すべりのシナリオ

なり、親地すべり塊の一部が新たな子地すべり塊となって湖に向かって崩れていく。たとえるならば、新たに発生した子地すべりが、ドミノ倒しのように次々とすべり出していくようなものである。

ドミノ倒し地すべりのシナリオ（図5）

（1）林地区に存在する吾妻川よりの複数の子地すべり塊は、現在、地下水面が低く、また水抜き対策が行われて安定している。

（2）ダム湖完成で地下水面が上下動をくり返すようになると、子地すべり塊が崩落する。支えを失った親地すべり塊の一部に、新たな子地すべり塊が発生する。

（3）この新たな子地すべり塊も、地下水面の上下動によって不安定な岩塊となる。ついにはダム湖側にすべり出し、その背後に、さらに新たな子地すべり塊が生まれることになる。

以上、八ッ場ダム建設によるダム湖完成後に発生する可能性の高い災害を想定してみた。それらはあくまで最悪の想定であるが、「想定外だった」ことが起きることを私たちは経験している。この想定に対して安全性を完璧に確保する対策ができるかもしれない。しかし、その構造物は際限なく高くつくだろう。八ッ場ダムが中止となれば、ダム湖に起因する危険性は回避される。と同時に、税金が湯水のごとく使われることなく、八ッ場の貴重な自然が子や孫の世代まで続くことになるのだが。

注：拓殖大学の竹本弘幸氏には現地調査等でたいへんお世話になった。応桑岩屑なだれ堆積物については、竹本弘幸・久保誠二「浅間火山、応桑岩屑なだれ堆積物のテフラ層序」『日本大学文理学部自然科学研究所研究紀要』三八号、二〇〇三年参照。

（地学団体研究会・日本地質学会会員）

野に、叫ぶ水のありて

鈴木郁子

凍てた氷塊が一滴ずつ溶けだし、八ッ場《やんば》の野辺に、今年も過《あやま》たず春の気配が漂ってきた。

三月中旬過ぎ、林地区の崖下の陽だまりにある湧き水でのクレソンの初摘みの際に、周辺の葦の茂みには早くもフキノトウが芽生えているのを見つけた。八ッ場にはないと想ってきたクレソンの在り処を土地の方から昨年の秋に教えてもらって以来、半年間も心待ちにしてきた。

吾妻《あがつま》郡一帯は昨春（二〇一一年）の東日本大震災でのセシウム汚染がひどく、出荷停止の農産物もある。原発もダムも「国策」という名の犯罪的行為にほかならず、八ッ場ダム建設地の住民は原発の余波でも泣かされるにおよび、二重の犠牲者となってしまった。それでも、ここにはまだ自在な水の流れがある。

ついで来る春ごとに脳裏に刻みつけてきた、私家版「フキノトウ自生地マップ」の一つ、川原《かわら》湯《ゆ》地区の打越《うちこし》代替地の一角にも行ってみた。

吾妻峡トンネル入口右手奥にある、この地域の水道施設に至る道筋のむき出しの斜面に、十層の奥深くから背伸びするように空にむかって、緑色の固い頭の先端を土に見え隠れさせているのが二個あった。採ろうとするものなら、いつ頭上から石や土砂が崩れ落ちてくるかわからない場所である。ヒビ割れた舗装路の上には斜面から落下した小石がゴロゴロ。かなり大きなのもある。

おそらくどこかの工事現場から運んで道をつくり、強引に舗装した急ごしらえの道なのだろうが、落石の数は訪れるたびに増えていて、住宅地の近くにこんな危険箇所があり、しかも対策を講じる手立てても余裕もないらしいことがそら恐ろしい。

ここ金華山《きんかざん》一帯は天明三年の浅間山噴火によるきわめて脆弱な地質なのだ。一九八二年五月一七日、川原湯温泉地域の住民およそ二〇名が代替地探しに出かけた時の帰途、眼下の温泉地を俯瞰しようとした女性が、滑落死したこともある。

土地の人がジャオウジと呼ぶフキノトウは、このように工事の進展につれて、運ばれた土砂とともに生き延びた数片が思わぬ場所で芽吹く。名ばかりの保護作戦だった丸岩山周辺のイヌワシはおろか、ドジョウも大ぶりのタニシもことごとく死滅に近くなった現在、あたかもメチャメチャにされ、分散させられた八ッ場の縮図を現わすような、昨今のフキノトウの植生図なのである。

女性の立場からの、移転折衝事の日々

この日、初もぎのフキノトウを、水没五地区中でもより寒冷地の横壁で独り暮らしの女性に、クレソンとともに「見て、もう出てたの」とお見せすると、ことのほか喜ばれた。

かつて養蚕がすたれはじめた長野原町が切り替え作物として奨励したのが、秋田産の大ぶりな蕗《ふき》栽培で、横壁にはその栽培農家が多い。この方の家も蕗の大規模栽培をしていたが、丸岩大橋（湖面三号橋）の橋脚付近の蕗畑が用地としてことごとく該当してしまう羽目になった。それゆえに蕗への思い入れには強いものがあるらしい。

横壁地区の農家が待望してやまない代替農地は完成どころか、まだ手つかず状態である。

主力の養蚕、ミョウガ、蕗はもちろん、山里特有のワサビ栽培にも長年、携わってきた有数の山林地主であったこの家の主、豊田七重さんは、一九三〇（昭和五）年生まれの八二歳。旧横壁村の要職を代々担ってきた大農家に嫁ぎ、定年後ほどなくして難病に倒れた夫に代わって家屋敷を守りきった上に、一連のダム移転のしんどさを独りで乗り切ってきた気丈な女性である。

一五年間の看病の果てに夫は他界。男性のいない家でのダム交渉は、口惜しいことばかりだったそうである。ためにか移転後半年で、こんどは七重さん自身が病魔に侵されてしまって四カ月間もの入院生活を送ったそうだ。

自宅療養中の現在、農事にかけずりまわりながらも町の女性団体の役職の数々をこなしてきた、病む前の頑強さは、失われてしまったと嘆く。

初めてお目にかかった時、一〇年ほど前の記憶によることだが、三号橋が吾妻川を渡った直下、元の横壁温泉があった辺り一帯の工事現場の土くれの至る処に、誰も採らずに呆けたフキノトウがいっぱいあったことを伝えてみた。横壁代替地の近代工法の新築家屋で、旧宅での家族写真や庭先のたたずまいの写真類を矢継ぎ早に見せてくださりながら、「あの辺の蕗は家の畑のだったんだよ。この辺じゃ一等地だったよ。しばらくはハリが悪かったいね（寂しかった）」となつかしまれ、荒れ果てた元農地に立つと今でも寂しさは消えないとつぶやかれた。

嫁いで以来耕し続けた畑の肥えた黒土に愛着があった。近隣の二軒の男性地主は許可され、その一軒では良質だった水田の土を山間に切り開いた新開地の田にまで、何台も運び入れさせた経緯もあったので、「トラック一台分でもいいから欲しい」と申し出たが拒否されてしまった。「あの土はどこに持って行かれたんだろうね」と惜しむような諦め口調にて、「ダムに反対してもどうにもならなかったけれど。まぁ新しい家になったことだけが良いことくらいで、後はみんな涙することばかりだったよ」と、ご自分に言い聞かせるように語ってくれた。

ワサビ栽培への研鑽つみて、おんな名伯楽なり

栽培農家の方に案内していただいて、奥山のワサビ田を取材した二〇〇二年六月のときめきと感動は今も忘れ難い。

二年前の初夏、吾妻川沿いの雑木林の茂みをかきわけ、分け入った細い川面の両岸に野生のワサビを発見した。むろん、葉と花を摘んで失敬するだけで根は採らない。

ところが昨年一〇月末、ジャングルの様だったその場所の入口が伐採されていて唖然とした。水没箇所なので「あぁ、ついにここも開発」と嘆きつつ川筋まで歩くと、頑是ない小苗が点在していた。恐らく近日中にブルドーザーでかき回されてしまうのだろうと察して三株ほど採らせてもらった（後日、開発ではないと判明し安堵）。

帰途、七重さん宅にてこの話をした。折しも人手を頼んで山裾に広がるワサビのフレームに植え付けをされていて、しっかりした苗をまだ必要とされていた。家業盛んな頃には一回に一〇万円を超える苗を取り寄せ、フレームなどに総額一〇〇〇万円を超える設備投資をしてこられたそ

うだが、何者かに施設を破壊されたり盗まれたりで、いまだ採算はとれていない由。ダムのもたらす利権などで何かと騒然としていた村の中では水利権の問題一つでも、有力者の思惑で妙な具合にこじれて苦慮したそうであった。この話を聴くまでは七重さん宅のものとは知らなかったが、一時、東沢の防災ダム直下のワサビ田が荒れ果てていた。それは入院の時期前後にも重なる。

一〇月下旬のこの日、採ってきた苗の最もスックリとしたのをお見せすると、魅せられたように見入り「それはいい苗だよ」と言われた。「じゃ、育てて」と差し上げた。

およそ半年ほど経った、冒頭に記した三月半ばすぎ、高台からの撮影に向かう道で、付け替え国道を挟んで真向かいの共同浴場・横壁温泉帰りの七重さんに出会い、「後で、お邪魔するね」と声をかけた。

二〇一〇年一二月一九日に開通した横壁代替地前の付け替え国道は、吾妻渓谷も川原湯温泉街も素通りして草津方面に通じている。ために車の往来が激しい。が、この十字路しか連絡路はない。そこを先ほどの七重さんが手押し車で横断しはじめたのが眼下に見下ろせ、途切れない交通量を目端にとらえていたので、ギョッとなった。目をこらすと、下り方面の車が停車してくれ、後続車もズラリと停止したのが見て取れ、無事に渡り終えた時にはホッとしたものだ。

移転前に、離れて暮らす息子さんと相談して、国交省に信号設置を申し出たが、「高規格道路に信号はなし」との理由で叶わなかったという。だが、現実には前後二カ所に信号が設置されている。

目下、一億円余をかけて付け替え国道をまたぐ高架橋が建設中だが、七重さんが自宅の目の前にある温泉に毎日行くのにはかなり遠回りとなる（この付け替え国道一四五号取付道路橋「T3

―2」他上部工事は二〇一一年二月一七日、一億七七〇万円で東日本コンクリートが落札し、二〇一二年六月に完成した)。

概して、ダム交渉では女性の発言は弱いことの一端を垣間見た想いを抱きながら、「さっきは危なかったねぇ」と口にすると、「いつもは容易には渡れないんだよ。今日もしばらく待ってたんだよ。そうしたら車が止まってくれてさ」と語った。

無類の花好きの七重さんはシクラメンも種から育てる。旧宅での厳寒期には凍みてしまってせつなかったが、陽射しの入る今はその心配もなく、移転後の数少ない喜びの一つとか……。

熱いお茶、時には「食べていきなよ」と手打ちうどん等でもてなしてくださるので、何事も見事な先輩女性に敬意を表しつつも、勝手に「まるで実家に里帰りしたみたい」と口にしてしまうと、「いいよ、そう思ってくれて」とおっしゃる。で、「七重さ〜ん、いる」と足しげくお邪魔する次第だ。つきないおしゃべりにピリオドを打ち辞去しかけると、初ものだったフキノトウへのお返しにワサビを下さると、庭先の畑にもあるフレームに案内してくださった。

不意に昨秋のことを思いだし「ねぇ、アレどうなったろうねぇ」と問うた。「それがね、とってもでっかくなってるよ、一番勢いがいいんだよ」との想いもかけない答えが、早春の寒さを突き破るように返ってきた。

目に飛び込んできたのは白いワサビの花々。その中に群を抜き、一際大ぶりのワサビの株があった。「これが、あの小さかった……」と感動ものであった。

野生の苗は生命力が強いのだろうか。ワサビ栽培は五月過ぎに種を採り、秋は九月過ぎ、春は五月までに撒き、三年間置く。小苗を植えかえて約三年間で出荷できる大きさに成長する由。この植えかえが決め手と聴く。

山ワサビは小さくて売り物にならないとの想いこみがあったが、いただいた三本とも予想外に太く、これなら商品になると再認識した。時ならぬ早い花ワサビの出現にも驚いたが、これも「病気になるまでは本気になって色んなことを試してみたよ」と創意工夫を重ねてこられた七重さん独自の栽培方法によるらしい。

年月をかけて培った技術と直感力にはプロの眼力がある。

思わず、「七重さんは名伯楽だ」と感じた。

伏流水たちよ、奔流となれ

八ッ場の水の流れにも、地下をそっと流れ行く伏流水もある。

それが若々しい奔流となることを念じつつも、長い時がいたずらに過ぎた。

二〇〇九年秋からの約二年間に及ぶ検証過程で、ダムありきの結論がミエミエになりだした昨春来、結局、八ッ場に出入りして丸一二カ年間が終わることに自責の念がつきまとった。いよいよ出口の作図が見えた秋口、後で後悔しないようにと、長野原町一帯へのチラシ、「かけがえのない大事なふるさとを本当にダムに沈めていいのですか」の新聞折込を試みた。A３判中折の一頁目には、子孫にツケを残し災害を招くムダと、二〇一一年八月の豪雨の際の土砂が川原湯温泉駅を直撃した写真を載せ危険性を訴えた。以後、東吾妻町の該当地域にも広げ、定期的に配布を続けている。

嬉しいことに呼応する複数の新手が挙がった。

とりわけ、ある女性の挙手は力強くゆるぎなく今日に続く。二〇一一年一二月初旬、「民主党国土交通部門会議・八ッ場ダム分科会」の席にかけつけて、地元民として初の意見陳述を招致扱いで行った。

それは彼女が子どもの頃から慣れ親しんできたふるさとのダム問題であり、何よりも次世代を生きる子どもたちの豊かな未来図を願う母親としての願いに根ざしているからであろう。

親世代の中には、自分と同じくダムは不要と感じている住民も多いと話し、まとめると以下のような点を挙げてくれた。すべてがまっとうな主張である。
①子どもたちに負の遺産と、莫大なツケを負わせたくない。
②吾妻渓谷を手つかずのまま、次世代に手渡したい。
③子や孫に昔のように、川遊びのあの楽しみを味わわせてあげたい。
④一部の目にあまる有力者の利権的行為には辟易している。
⑤公共事業と称する税金の使途に疑問を感じてならない。

八ッ場ではいまだ男社会の観念が根強く、ダム問題のリーダーはことごとく男性。しかも、吾妻郡一帯は名にし負う旧群馬三区の流れを引く群馬五区。男女共同参画社会下といえども、理念の普及もまた、町村部では浸透していない上に、窓口も行政担当者もいないのが実情である。

一対一で話すとダム問題に理解を示されても、本音と建前を使い分けなければならないらしく、男性陣の多くは見事にこの辺りを区別する。一体、誰に何に規制されているのか、それとも自己規制なのか定かではないが、「ダム懐疑論」を口にするのははばかれる空気が濃い。

立場を考えてこの間、口外したことはなかったが、衝撃的な生身の本音に接したことがある。

二〇一〇年九月一七日未明の前原元国交相の前段階の手順なしのダム中止宣言後、建設続行が地域民の総意のごとき狂騒的な一連の報道がなされていた。その最中、ある公的な職にあった方はよもやま話の果てに、「ダム云々よりも、早く造りあがってケリがつき、一日も早く八ッ場ダム工事事務所には、この町から出ていってもらいたいだけだ。その後は国交省の顔もみたくない！」と積年の耐えてこられたらしい感情をむき出しにして吐き出された。想いもよらなかった屈折した町民の心のひだの複雑さには、しばしたじろぐものが走ったことが、記憶の淵から鮮明に浮かび上がってくる。

多年の桎梏が解けるのにはこの先もまだ歳月を要するだろう。けれど本来、人間はいかなる事態にも翻弄されてはならない。八ッ場のみなさんは断じて、〝翻弄された民〟ではない。昔日の八ッ場ダム反対期成同盟の洞察力はことごとく今も新しい。このまま終わるはずもなく終わってたまるものかとの想いで、あまたの情報社会下、真実のダム情報からは意識的に遠ざけられてきた感なきにしもあらずの家々の戸口にたたずみ最新情報を伝えてきた。内部からの自発的な立ち上がりが最もゆるぎない原動力と考えるゆえにだ。

今や若手世代の中からは着実に、ダム懐疑論が放たれはじめるにいたった。これらの自己主張するキャラクター群が躍動する時、もつれた糸の塊の糸口が自然体で解けていくように想える。

八ッ場の自然界の名のみの春の中、時に非ずと打ち震えながらも生きて流れる水の群れがあり、時あらば鋭く叫び、呼応する水の到来をひたすら信じる。

……想えば、クレソンもワサビも水辺のかよわい一本の茎にすぎぬ。されど清流に育まれれば命を宿す。地場産まちづくりの担い手としてシャッキリと動き出す日もあろう。

（STOP八ッ場ダム・市民ネット）

失われた将来像

生活再建はどのようにして可能なのか

◆
萩原優騎

不十分な生活再建への議論

「八ッ場《やんば》ダムに賛成か、反対か」——民主党が八ッ場ダムを争点にして以来、幾度となく繰り返されてきた問いである。このような問いは、誰がどのような立場から発したものであるのかということに注意する必要がある。他人事として「賛成か、反対か」と論じる時に、見落とされがちなことがある。それは、ダム建設予定地域で今後も生活していくことを選択した人びとにとっては、建設に賛成であるか反対であるかにかかわらず、地域社会の再生は共通の課題であるということだ。ところが、ダムの是非ばかりに世間の関心やマスコミ報道が集中した結果、生活再建に関する議論は不十分となってしまった。

また、ダム建設の是非と生活再建が別個の問題であるかのように捉えられがちであることも、問い直されるべきだろう。ダム建設の有無は、地元の人びとの日常生活の安全性にかかわる問題でもある。八ッ場ダムの建設予定地周辺では浅間山の噴火や地すべりなど、自然災害の危険性が指摘されてきた。八ッ場ダムは、それらの災害の対策に有効であるという主張がある一方、ダム建設自体が災害発生時に想定される被害をより大きくしてしまうのではないかという疑念も提起された。

ダム建設の結果として諸々のリスクは減少するという建設賛成派の主張と、逆にリスクの増大を招くという反対派の主張は、当然のことながら相容れない。このように専門家の意見が分かれ、そのどちらが正しいのかということを、人びとが確信を持てないという不確実な状況にある。そうした中で、人びとはダムの是非を考え、将来の生活を設計していかなければならない。この困難な状況にどのように立ち向かえばよいのかということは、これまで必ずしも明確には論じられてこなかった。

科学の専門性とその外部

地域住民からの自発的な働きかけがないならば、専門家があらゆる決定を下してよいのだろうか。確かにリスク管理には高度の専門的知識が必要であり、専門家の関与なしには不可能であろう。その一方で、専門家がリスクアセスメントを行う際に、地域住民の関与が期待されることがある。

専門家の計算によって得られる数値は、重要な意味を持っている。しかし、机上の計算は、概して理想的な環境を想定したものであり、個々の現場の特殊な状況には当てはまらないことも多い。それゆえ、ダム建設に対してどのような立場をとるとしても、地域の実態や住民の経験を丹念に調べ、専門的知識によって得られた事柄との整合性を検証する作業が必要である。地域住民が日々の生活の中で培ってきたローカルな知識や知恵は、専門的知識と相互補完的に機能する。

八ッ場ダム問題は、まさにその例である。国土交通省は、カスリーン台風での雨量は二〇〇年に一回の洪水流量に相当するとして、それに対応できるように治水対策の強化を進めてきた。カスリーン台風の再来を想定する際に、群馬県伊勢崎市の八斗島《やったじま》地点での洪水ピーク流量を算出している。そこで採用されている数値が正確ではないと、嶋津暉之らは指摘している。当時、この地点の流量観測所が流出してしまったため、上流の三つの地点の流量観測値を使用して推定されたという。その推定方法には誤りがあるという主張である。

また大熊孝は、八斗島の上流地点で実際に大規模な洪水被害が発生したのかということについて、現地住民への聞き取り調査を行った。その結果、国交省が根拠としているような規模の氾濫は確認できなかったという。ここでは、地域住民の日々の生活に根差した経験が、専門家の判断を支える役割を果たしている。

このように地域の実態を調査するには、住民の積極的な関与が求められる。当該地域の実態をより正確に把握することを目標とするならば、専門家にすべてを委ねるという地域住民の判断も、地域住民に耳を傾けない専門家の態度も適切ではない。

専門家がすべてを決定して、その結果のみを人びとが受け取るという従来の意思決定モデルでは、当該分野の専門性を持たない人びとの不安や懸念を、非科学的で根拠のないものとして軽視しがちである。この図式には、「専門家によって安全を与えられて、非専門家の人びとは安心する」という前提がある。

「専門家による決定が受け入れられないのは、人びとが専門的知識を欠いているからであり、彼らが十分な知識を習得すれば、安心して受け入れるはずだ」と専門家が想定しているとしたら、それは適切だろうか。一定の科学的知識を獲得して、専門家の判断をある程度まで正確に理解できるようになるということは、科学を無条件に信頼して安心するようになるということとは等しくないはずである。むしろ、専門性を身につけた結果として、問題点をより明確に認識するようになり、これまで以上に不安を覚えるかもしれない。また、人びとの不安は科学的な側面にかかわる問題に限らないのであり、社会的、制度的な側面も含めて考察しなければならない。

将来への不安

八ッ場ダム建設計画に対して人びとが抱いている不安には、八ッ場ダム自体の科学的な問題点以外に、地域社会にかかわる事柄が多い。この地域では、長年にわたる闘争の中で人びとの意見が対立し、人間関係が分断されてきた。ダム建設がいったんは受け入れられた後も、水没予定地域の住民の移転先となる代替地の整備は大幅に遅れた。水没予定地域の補償基準や代替地の価格についても、納得できない人びとが多かった。

そのほかにもさまざまな要因が重なり、代替地での生活再建の見込みが立たないと将来像を描けないことから、他へと転出していった人びとが相次いだ。こうして、地域の過疎化や高齢化に拍車がかかった。地域に残ることを選択した人びとにとって、これらの社会的、制度的な問題に由来する不安は、計り知れないものであろう。

このような背景もあり、地域住民の主要な関心は、ダム建設の是非というよりは生活再建にある。川原湯《かわらゆ》温泉で旅館業を営む住民の一人は、親の世代の闘争を子どもの頃から目の当たりにしてきたという。ダムに対する立場の異なる近隣住民との関係が崩壊し、家族内でも考え方の違いによって口論も絶えなかった。ダムを建設するとしてもしないとしても、経済的に安定し、安心して生活できる環境を早く実現してほしいという。故郷が水没することを必ずしも歓迎しているわけではない。しかし、自分たちの将来のことを考えてダム建設を容認し、それを前提に生活再建を進めるつもりだったのだから、再建が行き詰まるようなことがあっては困るという。

現状では、ダム建設に賛成か反対か、いずれの立場に立っても、将来の生活についての明確な方針は得られていないように思える。その一例が、生活再建事業の中核として群馬大学教授の寺石雅英が掲げた「ダイエットバレー構想」への人びとの反応である。三〇代女性をおもな対象にしたエクササイズセンターを建設し、首都圏からの観光客を誘致しようという試みであった。

この計画に対しては、地元の人びとからの同意はほとんど得られなかったという。エクササイズセンターを建設しても、都会の女性たちがわざわざここまで来てくれるだろうかという疑問が、人びとから提起された。施設を下流都県の基金で建設するとしても、その運営の見通しが立たないともいわれた。高山欣也長野原町長は、「『計画が通れば観光資源になる、建設すれば管理もするから』という話だったのに、維持管理費は出せないと言われてしまった」と、私たちが実施したインタビューの中で述べた。計画は、地域住民の賛成を得られないまま立ち消えとなった。

この例が示すように、仮に予定通りにダム建設が進んでいたとしても、地域社会の将来についての見通しが立っていたとは言えない。ダイエットバレー構想も各種の施設の建設計画も、ダム湖の観光地としての価値とセットで想定されたものであった。ダム湖が完成したとしても、それによって定期的に客を誘致できるのか。この点について、市村敬司ダム担当副町長は、「かつては観光バスで大人数が来るというのが定番だったが、観光会館を造っても現状に見合っていない」とインタビューの際に述べた。ダム問題がどのように決着したとしても、観光としてどこまで成立するのか疑問であること、リピーターを確保するという課題に対して具体案が見つかっていないことを、高山も強調した。

このように解決しなければならない課題が山積している。観光開発のあり方そのものを再検討しなければならないだろう。

八ッ場の再生を認めているのか

一度は八ッ場ダムの建設中止を公言した民主党だったが、地域住民らの強い反発を受けると、「中止」から「事業の見直し」へと方針を転換した。その後、見直し作業を経て、結局は建設を容認した。このような曖昧な態度や不徹底な対応は、地元の人びとの不安を増大させるとともに、いっそうの不信感を抱かせる原因となった。

私たちが二〇〇四年に長野原町の住民を対象として実施したアンケートで、ある住民は次のように回答した。「下流都県の人たちがダム反対を言いはじめ、私たちの再建の妨害をしているように思い、非常に残念である。妥結以前に、私たち先代と共に争っていたのならわかるが。今となっては、早期に再建できるように後押ししてほしい。勝手なことを言って、事業を遅延するようなことをしないでほしい」。他の住民たちからも、ダム建設への賛否という立場の違いを超えて、生活再建の当事者であることの苦労や困難が語られた。

水没予定地域の住民の一人によれば、移転先である代替地での生活について、議論が成り立たない状況が続いてきたという。ダム建設を共通の前提として話し合っているにもかかわらず、実りのある議論や合意に向けての交渉には至らないそうだ。民主党がダム建設の中止という公約を掲げたことで、地元はさらに混乱した。その最大の原因は、中止にともなう生活再建の見通しがまったく立たなかったことである。

具体案を提示することなく一方的に中止を掲げれば、大きな反発を招くことは当然だろう。そして、地域住民が納得のいく計画を、民主党は現時点に至るまで示していない。地域社会の分断と疲弊の原因をつくった自民党に、多大な責任があることは言うまでもない。しかし、具体的な生活再建案が提示されないまま、ダムの是非ばかりが盛んに論じられる状況が放置されてきたことの責任の一端が、民主党にあることも確かである。そして、多くのマスコミ報道でも、「八ッ場ダムの建設に賛成か反対か」という対立ばかりが強調され、その他の問題に光が当てられる機会は少なかった。

「八ッ場ダムの建設に賛成か反対か」という対立図式が強調されすぎたことで、その背後にある、より根本的な対立が覆い隠されてしまった。それは、「この地域社会の再生を認めるかどうか」という対立である。「再生を認めない」などとは、誰も表立っては言わないだろう。しかし、それゆえに、この対立は私たちの認識から遠ざけられている。ダム建設が中止されたとしても、あるいは建設事業が再開されたとしても、この対立は解消されない。

地域社会を再生するための具体的な対策が進まないということは、実質的に「再生を認めない」ということになる。地域社会の再生を構想するには、資金や施設だけでなく、それらを活用して生活を再設計していく、当事者たちの認識やコミュニケーションのあり方についても、議論の対象にしなければならない。もちろん、地域に生きる人びとの自発的な取り組みは必要だろう。しかし、根本的な問題は、長期にわたる対立関係によって、共通課題に取り組むための基盤が失われていることにほかならない。

それは具体的には、リーダーシップの欠如、異なる立場の人びとが議論をする機会の不在などである。この問題は、地元の人びとからも提起されている。各々が自己主張するばかりで、共通の認識に至るための建設的な議論や、時間をかけて討議し内容を深めていくという作業が実現できないままであったと、生活再建に積極的に取り組んできた住民の一人は述べる。また、世代間の認識のギャップについても考えていく必要があるという。

こうした課題の解決を当事者たちの自助努力にのみ任せることは、果たして正当だろうか。現状を放置し、対応を地元にすべて委ねることこそ、「再生を認めない」ことにほかならないのではないか。このような問題が、「八ッ場ダムの建設に賛成か反対か」という「わかりやすい」問いによって覆い隠され、不問にされ続けている状況が、今後も許されてよいはずがない。

八ッ場ダムをめぐる対立による人間関係の分断や地域社会の疲弊により、公共性を担うための条件そのものが、この地域では失われている。「中央から地方へ」という権限の移譲や分散だけでは、問題は片付かない。むしろ、権限の移譲や分散が強調されるほど、公共性を担う条件の喪失という実態は覆い隠される。そして、「この地域社会の再生を認めるのか」という論点も背後へと退き、見えにくくなる。こうした認識を出発点として、問題解決の方途を探っていかなければならない。

（国際基督教大学社会科学研究所研究員）

下流からNO！と言い続けること

深澤洋了

紅葉に輝く渓谷

「二一世紀にもなって、まだこんな美しい渓谷をコンクリートの固まりで埋めるつもりなのか？」――あの時の驚きを今も忘れない。

吾妻《あがつま》渓谷を最初に見たのは、二〇〇三年の秋だった。群馬県に住む友人に八ッ《や》場《んば》ダムの問題を知らされ、「下流の都市住民のために造られるダムなのだから、下流から声を上げてほしい」と頼まれたのである。

送られてきた資料を見ると、なるほど理不尽なダムである。私はチェルノブイリ事故をきっかけに原発の問題、ダイオキシンが注目されてからは、ごみの問題にかかわる市民活動を続けていたが、長良川河口堰反対運動の盛り上がりを見ながら、首都圏にはダム問題はないのかな、とさえ思っていた。その不明を恥じるばかりだが、報道は確かにほとんどなかったと思う。

そこで、水問題や自然に関心の高い、地元小平の友人を誘って現地を訪れた。輝くばかりの紅葉に包まれたダム建設予定地を目の当たりにして、友人たちと憤り、「八ッ場ダムを考える小平の会」を結成することに決めたのだった。

下流の運動と住民訴訟

そんな中、同年一一月に、国土交通省が八ッ場ダムの事業費を二一一〇億円から四六〇〇億円に倍増すると発表した。そのうち六三七億円を負担することになる東京都は応じる方針で、都議会は紛糾した。傍聴した都市整備委員会では、野党各会派が水余りの実態などを指摘して反対の論陣を張ったが、都議会は与党多数。結局、他の関係五県に先んじて、この事業費倍増を可決承認してしまった。

「なんとしてもこのダムを止めたい、まずは足下でできることから」と、小平市議会が国に対し「八ッ場ダム建設の見直しを求める意見書」を出すよう、請願を提出することにした。地域政党生活者ネットワークはかねてより八ッ場ダムや地下水など水問題に熱心に取り組んできたが、小平でも苗村洋子市議が中心になって他会派に忍耐強く働きかけ、字句修正に応じながら、二〇〇四年六月末、全会一致での意見書を可決することができた。農家出身の保守系議員を自宅まで訪ね、「地下水の大切さ、八ッ場ダムができれば地下水が切り捨てられてしまう恐れ」を訴え、共感してもらったこともあった。この年、また前年にも、千葉、東京で一〇近い自治体で同様の意見書が可決されている。

その一方で二〇〇四年には、全国市民オンブズマン連絡会議の弁護士たちが、税金のムダ遣いの最たるものとして八ッ場ダムに注目したことから、関係六都県に対する監査請求、住民訴訟提起へと、首都圏全体に動きが広がった。訴訟の母体として結成されたのが、「八ッ場ダムをストップさせる市民連絡会」で、その構成団体としての「八ッ場ダムをストップさせる東京の会」に「小平の会」も合同することになった。六都県で、監査請求人は五四〇〇人、原告一九二人を数えた（東京ではそれぞれ二一〇〇人、四四人）。

以前から八ッ場ダム問題に取り組む市民団体としては、一九九九年に群馬で発足した「八ッ場ダムを考える会」、二〇〇一年に発足した「首都圏のダム問題を考える市民と議員の会」があり、小平のメンバーも二〇〇三年の秋頃から首都圏の会の会議に出席していた。市民として、裁判を始めるかどうかは議論もあった。公共事業にかんする行政訴訟で反対派市民側が勝った例はほとんどない。しかし、謝礼なしで資金も用意して、行政寄りの司法を正したいという弁護士たちの熱意を受け止め、また法廷闘争が世論を喚起し運動の屋台骨になると、その意義を理解したことから、六都県でのいっせい提訴に踏み切ったわけである。

東京地裁では二〇〇八年一一月の結審まで二二回の裁判が開かれ、市民、弁護士の意見陳述、専門家、都職員の証人尋問などの時には、特に多くの傍聴者が詰めかけた。経験豊かな高橋利明弁護団長が牽引役となり、嶋津暉之市民連絡会代表を始めとする専門家がかかわり、そこに市民も加わって、専門文献を読みこなし、実地調査をして真実に迫っていくのは、得がたい経験であった。

裁判所からの調査嘱託で、通常は入手困難な新資料が得られたことも大きな成果だった。基本高水の算出、水需要予測の手法、地盤の構造など、ややこしいことであっても論理の筋道をたどっていけば、誰でも理解できるのであり、嘘も見抜ける。専門性の陰に立てこもろうとする行政を民主化するには、市民ががっぷり四つに科学と取り組み、科学を味方に付けるしかないのだ。裁判の過程を通して、八ッ場ダムの不要性、危険性は誰の目にもわかる形で具体的に明らかになっていった。

しかし、二〇〇九年五月の東京地裁判決は、行政の裁量を無制限に認め、都合の悪い証拠は無視するという最悪のものだった。他の地裁でもこれにならった判決が続き、全都県で控訴、政治状況を様子見しながらの進行協議が続いていたが、二〇一二年六月に東京の控訴審で初の法廷、八月に二人の証人尋問が行われた。しかし、残り七人の証人申請が却下されたため、裁判官を忌避、忌避却下、最高裁判所への特別抗告、というせめぎ合いが続いている。

八ッ場あしたの会

地元が表向きダム建設を受け入れていることもあり、裁判で八ッ場ダム事業をくい止めるには、地方自治体に対し、無駄な公金支出で違法だと訴える住民訴訟しかできない。しかし、ダムに翻弄されてきた地元は、建設の是非にかかわらず、関係都県の支援を必要とする面もあり、住民訴訟は反感を招きかねない。そこで、訴訟とは一線を画す形で、「八ッ場ダム事業の見直しと水没予定地域の再生」を目標に掲げ、八ッ場ダムを考える会を継承する「八ッ場あしたの会」が二〇〇七年に発足した。

裁判と、現地・下流双方への働きかけ、その過程での数多くの講演会、集会、現地見学会の開催、インターネット、書籍、チラシなどによる広報を通じて、八ッ場ダムの問題は徐々に人びとに浸透していった。さらに政治家へのロビー活動も功を奏し、最大野党民主党のマニフェストに「八ッ場ダム中止」が盛り込まれるところとなり、二〇〇九年九月の政権交代を迎えた。

前原新国交大臣が「八ッ場ダム中止」を明言したまではよかったが、その後の迷走ぶりは惨憺たるものだ。マスコミが地元に押しかけて、「ダムを中止されたら困る！」という推進派住民による大ブーイングばかりを伝える、今度はそれに反発した一般視聴者からの抗議の電話が地元の役所や住民に殺到する……。八ッ場ダムの何が問題なのか、ダムを造ることが本当に地域再生につながるのか、掘り下げた報道はほとんどなされなかった。

その陰で、国交省は、民主党のマニフェストを骨抜きにするダム検証の枠組みを着々と作り上げた。それは、「なるべくダムに頼らない治水をめざす」と掲げながら、非公開の有識者会議であり、そこで定めたルールにより、事業主体である関東地方整備局と、ダム推進の関係自治体だけで、個別のダムをコスト面から検証するシステムである。私たちは有識者会議の人選と公開性が重要だとたびたび要請したが、前原大臣は「最終的な決定権は大臣にある、止めるから大丈夫だ」として取り合わなかった。だが、それから次々に大臣は交代、四人目はついに国交省出身の前田大臣となり、八ッ場ダム中止が見事にくつがえされたことは周知の通りである。

利根川流域全体のよりよい方向をさぐる

八ッ場ダム本体工事の予算はあっさり国会を通過してしまったが、民主党の「八ッ場ダム等の地元住民の生活再建を考える議員連盟」や群馬県連の議員の猛烈な抗議により、本体工事着工には「利根川水系河川整備計画の策定」と「ダム中止後の生活再建の法律の国会上程」という二つの条件がついた。後者は不十分な中身ながらも法案上程にこぎつけたが、前者は二〇一二年九月二五日現在、久しぶりに有識者会議が開かれようとしているところで、新委員三名のうちには、ダム懐疑派の大熊孝氏、関良基氏も入った。

利根川水系の河川整備計画策定は二〇〇六年に始まったものの、なぜか一年半後に中断している。当時私たちは、市民一〇〇名、三三団体で利根川流域市民委員会を結成し、利根川・江戸川有識者会議などへの要望書提出、講演会・現地見学ツアー開催、公聴会・パブリックコメントへの意見表明などの活動を展開した。策定再開の動きをにらみ、利根川流域市民委員会は二〇一二年四月にその再結成集会、七月には利根川堤防の見学会を開催してきたが、今後は再開した有識者会議に要請書を提出するなど、再び全力をあげて河川整備計画の民主的な策定を働きかけていきたいと考えている。

民主的な議論を尽くしてこそ、坂東太郎＝利根川の水は分かち合い、治めることができる。ギャンブル的なダム治水に頼らず、堤防強化、遊水池、水田などによって流域全体で確実に洪水被害を防ぐという考え方に転換できるのか、最後のチャンスと言えるのかもしれない。

東京都への働きかけ

ところで東京の会としては、東京都、都議会への働きかけも続けてきた。二〇〇四年、東京都水道局の事業評価委員会で八ッ場ダムに関する国庫補助の継続が了承された。私たちは評価委員の大学教授四名全員を大学に訪れ、どのような検討をしたのか質した。紳士的な対応であったが、水道局が出した前提や数字をまったく検証していない。つまり専門家としての責任を果たしていないことが明らかになった。ここにも御用学者ありだ。

また、二〇〇九年には都議会でも民主党が大勝したことから、水需要予測の見直しを求める請願を提出、翌年六月に賛成多数で可決された。ところが、水道局は結局それを無視し、二〇一〇年度末に慌てて行った事業評価でも、なんと七年前の古い右肩上がりの予測を使った。

地方分権というが、八ッ場ダムに関しては、関係六都県の知事全員が建設推進を唱えていることが、政策転換の大きな足枷となっている。地方自治でも、有権者の判断が問われる。

現地はどうなるのか

問題は、現地の人たちの生活である。私たちはダム中止後の生活再建支援法の制定を働きかけてきた。この法案の成立は未知数だが、情勢が変われば、八ッ場ダムでも事業中止後のセーフティーネットの役割を発揮する時が来るかもしれない。もちろん、半世紀以上ダムに翻弄されてきた地元住民のわだかまりは、それだけで解決できないということも、よくわかる。誰もが納得する正解を見つけるのは容易ではないだろう。

深く知れば知るほど許せないのは、地すべり地帯にダムを造る危険性である。ダム湖に生活再建をかけ、高台の代替地に移転した人たちが地すべり災害にあい、再び移転せざるを得ない悲劇を見たくない、と思う。

また、たとえダム本体建設が再開されたとしても、地質の問題で工事の難航が予想され、建設反対の意思を堅持する地権者もおり、再び事業費増額や工期延長で計画変更の承認が各都県議会にかけられることになるだろう。最新の東京都の水需要予測では、さすがに二〇二〇年以降はトがるという予測に変わっている。関係都県も時代の変化の中で、永久に八ッ場ダムが必要だとは言い続けられないのではないか。先行きは不透明だが、あきらめないで八ッ場ダムの真実を訴え、一部の利権に加担しない、公正、透明、合理的な行政が行われるように、一市民として努力を続けたい。

（八ッ場ダムをストップさせる東京の会代表）

III

川との共生へ

日本には現在、全国におよそ三〇〇〇基のダムがあります。また、これに加えて砂防ダムが約九万基あります。

そして、いまだに数多くのダム事業が計画、推進されています。二〇一二年二月現在、計画・建設中のダムは一四三件（水資源問題全国連絡会〔水源連〕のホームページ参照）あります。このうち国土交通省の直轄事業が四〇事業（ダム建設以外も含む）、独立行政法人水資源機構が事業主体となっているダムが七事業、都道府県が国の補助金を受け事業主体となっている補助ダムは九六事業です。

ダムは、飲料水や農業用水などの利水のため、また洪水の際の氾濫防止といった治水のために造られるものですが、一方で、河川の生態系の破壊、地域生活の破壊、財政の圧迫といった問題点があります。さらに言えば、利水・治水上の理由は後から付けられたもので、はじめに建設ありきと思われる事業もあります。

全国各地でダム建設等、水源開発に対して闘っている人たちの連絡組織である水源連によると、現在、地域の人たちが反対を表明し、事業の中止を求める運動を起こしているダムはおよそ六〇事業あります（**図1**、今のところ中止・凍結しているものも含む）。

第Ⅲ部では、こうした各地の運動の中からいくつかの活動について原稿を寄せていただきました。ダム事業の問題点、ダムを造らず川と共生する地域起こしの事例を紹介します。

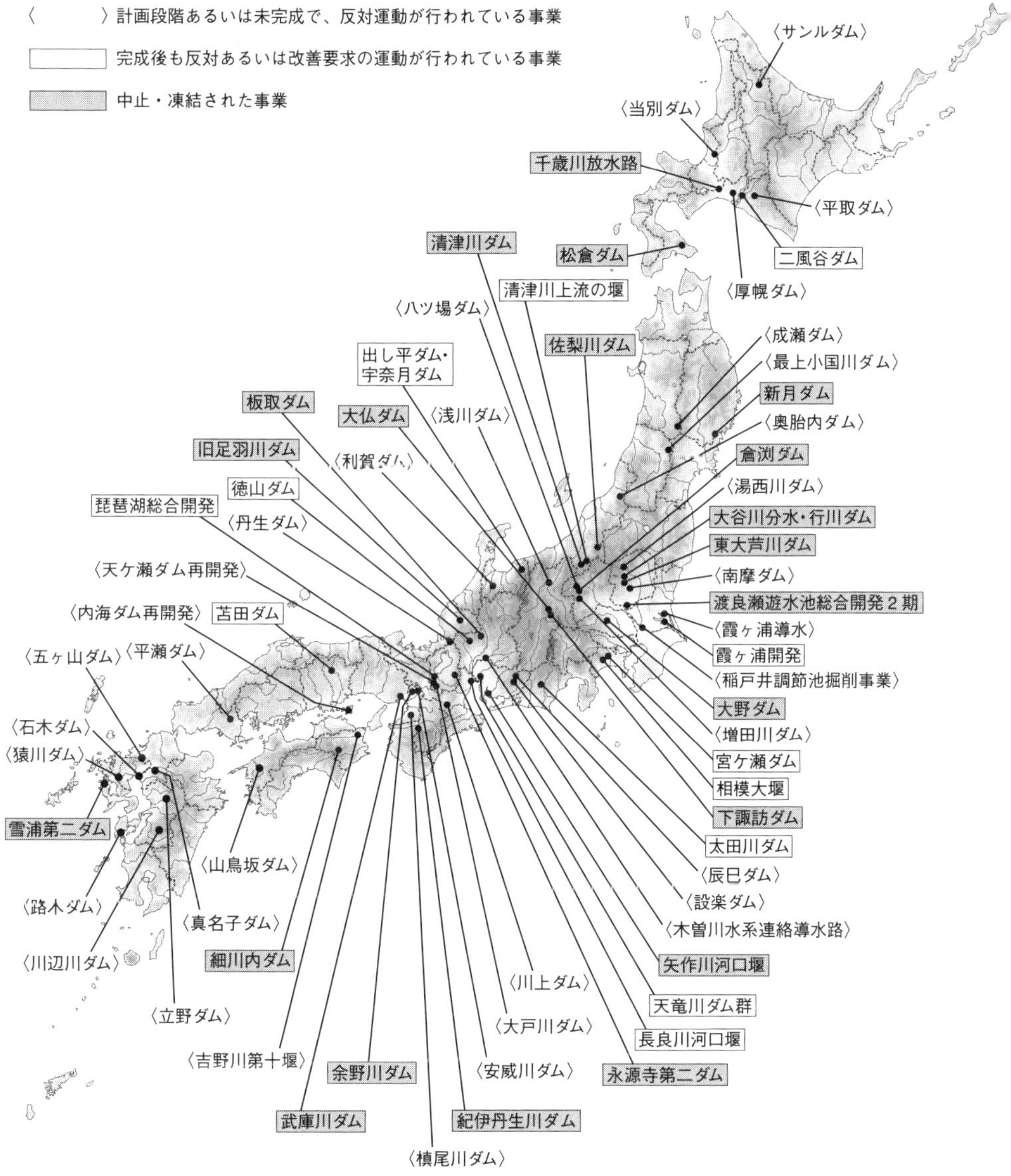

図１　問題になっている全国のダム

注：各ダムの問題点・状況については、水源連ホームページを参照
出典：http://suigenren.jp/damlist/dammap/

沙流川

失われた清流

◆

佐々木克之

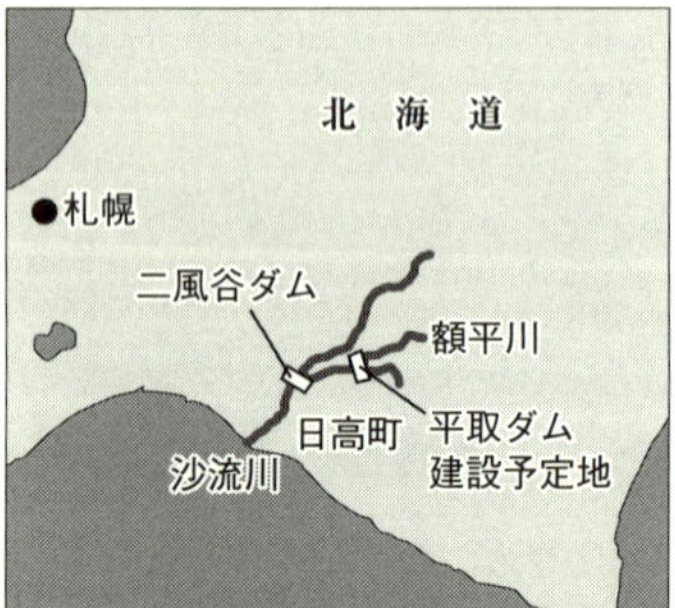

濁流に変わった沙流川

沙流川《さるがわ》は、北海道日高地方の最大河川で、支流の額平川《ぬかびらがわ》の水源である日高山脈最高峰の幌尻岳《ぽろしりだけ》（二〇五二メートル）は、アイヌ民族が神と仰ぐ山である。

この川は清流として知られていて、二〇一〇年二月にＮＨＫテレビが放映した「あるダムの履歴書―北海道沙流川流域の記録―」は清流が濁流に変わったことを明らかにした。また、サケやサクラマスが遡上し、上流では水面が真っ黒になるほどヤマメが生息し、下流ではシシャモが有名であったが、今はその面影は失われた。

この原因にはいくつかあるが、テレビが中心的に取り上げたのは二風谷《にぶだに》ダムである。二風谷ダム（一九九七年竣工）は河口から約二〇キロメートルの平取町《びらとりちょう》にあり、さらにその上流約二〇キロメートル、額平川に、現在凍結中の平取ダム建設計画があり、北海道開発局は二〇一二年中にも凍結解除をめざしている。

一般にダムには土砂が堆積するが、粒径が小さく軽い泥はダムの上側から巻き上がって下流に流されるので、ダム下流は濁る。二風谷ダムでは、土砂流入量が多いと予測したのか、普通のダムにはあまりないオリフィスゲート（放流設備）がダムの下に七基も置かれていて、そこからダムの底の泥が出ているので、二風谷ダム下流はほかのダム下流より泥が出やすく、それだけ沙流川が濁る。

アイヌ民族の二人が、二風谷ダム反対を裁判で訴え、一九九七年三月に、「国は、先住少数民族であるアイヌ民族独自の文化を不当に軽視、無視した」としてダム建設は違法であるとの判決が下ったが、すでにできたダムを壊す必要はないとして、二風谷ダムは残った。沙流川を考える上では、二風谷ダムの問題が中心的課題である。

沙流川の河川整備計画では、沙流川の治水として、洪水などで想定される「目標流量」は六一〇〇立方メートル／秒で、二風谷ダムと平取ダムで一六〇〇立方メートル／秒を調節して、下流に四五〇〇立方メートル／秒流すとしている。

以前の整備計画では、二風谷ダムと平取ダムの洪水調節量が示されていたが、最新のものは、合わせて一六〇〇立方メートル／秒を調節するとしているだけである。

写真１　沙流川と二風谷ダム

この目標流量六一〇〇立方メートル／秒は、沙流川流域で過去最大の洪水であった二〇〇三年八月台風時のピーク流量である。このときは下流の日高町富川地区で被害が出ている。

二〇〇三年八月台風一〇号の洪水

北海道開発局は、この台風時に二風谷ダムは流入した六一〇〇立方メートル／秒の流量に対して、六〇〇立方メートル／秒について洪水調節を行って、下流に五五〇〇立方メートル／秒流したと報告している。またこの洪水では、二風谷ダム下流の平取地点の流量は五二三八立方メートル／秒と報告されているので、整備計画流量四五〇〇立方メートル／秒より七〇〇立方メートル／秒多い流量になる。このときの状況を開発局が示したものを**図1**に示す。

原図はカラーだが、白黒で見にくくなっているので説明する。縦軸は標高を表わしていて、横軸は河口からの距離で、約二二キロメートルのところに二風谷ダムがある。斜めの線は沙流川を表わし、一番下の直線になっているのが計画高水位で、計画高水位のすぐ上のラインは実際の洪水時の最高水位である。さらにその上の線は、二風谷ダムがなかった場合に想定される水位で、一番上の線は堤防の高さである。

この時は、堤防の不備なところや、内水氾濫（支流の水が沙流川に流入できなくなり支流が溢れる）や樋門（支流と沙流川との間の水門）の閉め忘れで沙流川から支流側に大量の水が逆流して浸水があったが、堤防が破堤することはなかった。図からは細かいことはわからないが、二風谷ダムがあっても洪水水位が計画高水位より一メートル近く高かった場合もあった。

このことから、堤防がしっかりして計画高水位を越えても破堤しなかったということができる。いずれにしても計画流量の四五〇〇立方メートル／秒をはるかに越える流量で、計画高水位より高い水位でも堤防が破堤しなかったことが明らかにされた。

このことから重要なポイントが導き出される。この台風による水害時にはまだ平取ダムはないので、平取ダムがなくても二風谷ダムだけで目標流量時にダム下流では堤防決壊などの重大な水害がなかったということである。すなわち、平取ダムがなくてもダム下流の水害を防ぐことができたので、平取ダムの必要性に重大な疑問が生じた。

砂で埋まる二風谷ダム

二風谷ダムは、建設後一六年を経過して、堆砂量は貯水容量三一五〇万立方メートルの四四パーセントになる一三九二万立方メートルに達している。計画上、ダムに一〇〇年間で堆積するであろう土砂量を「堆砂容量」というが、二風谷ダムの場合、最初の堆砂容量五五〇万立方メートルは五年足らずで超えてしまい、予測の約二〇倍の速度であることが

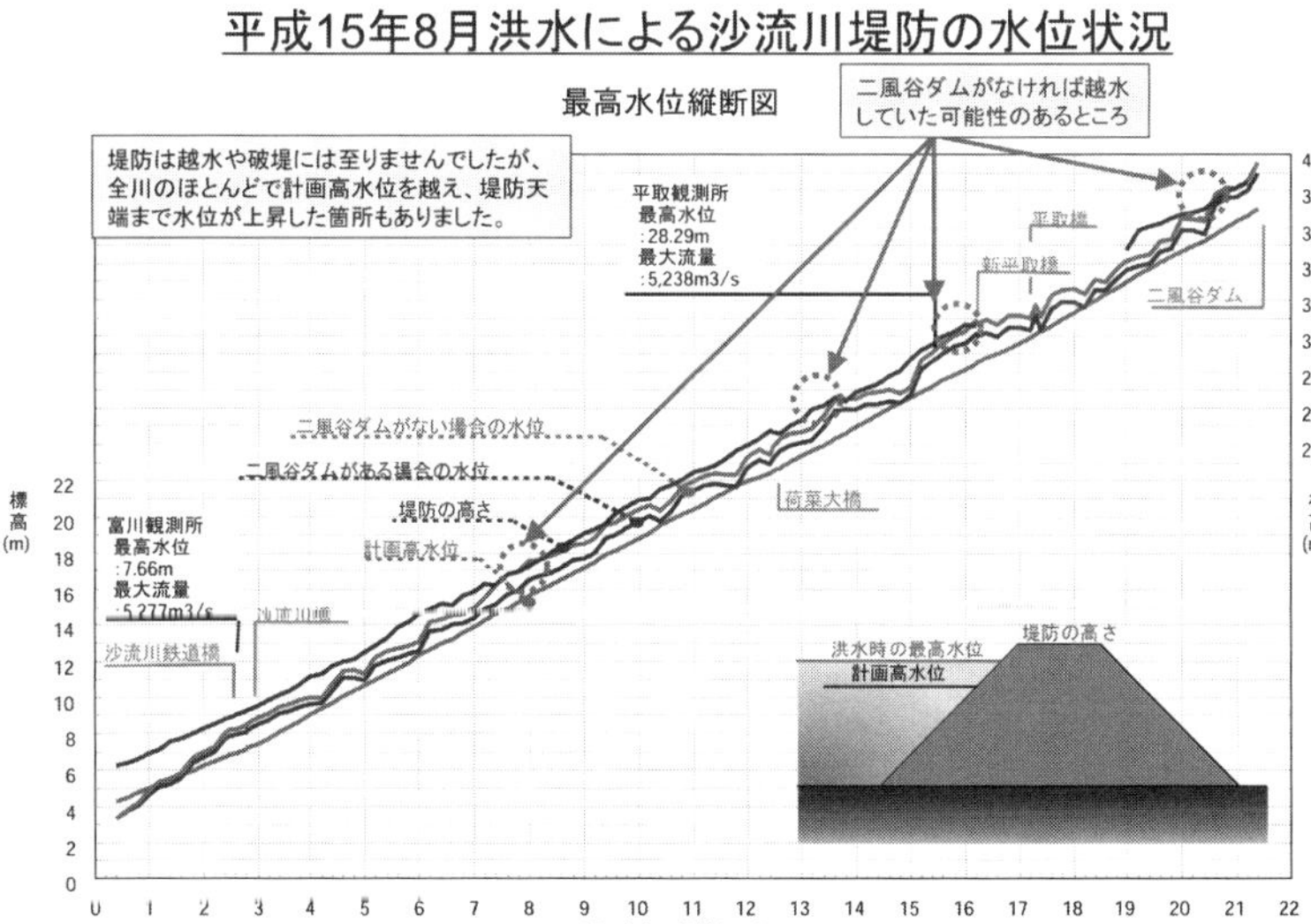

注：一番下の線は、計画高水位（堤防の決壊が起こりうるとされている水位）
その上の線は、実際の水位（二風谷ダムがあるときの水位）
その上の線は、二風谷ダムがなかったときの水位（おそらく計算で求めた）
一番上の線は、堤防の高さ

図1　2003年8月洪水時の沙流川の水位

出典：北海道開発局室蘭開発建設部ホームページ（http://www.mr.hkd.mlit.go.jp/）より

判明した。その後、堆砂容量を一四三〇万立方メートル／秒に増やしたが、この堆砂容量を超えるのも時間の問題である。

ダムの洪水調節量はダムの大きさ（貯水容量）で決まる。二風谷ダムが完成した当初の洪水調節容量（＝貯水容量）は、先に示したように三一五〇万立方メートルであった。二〇〇三年の台風時には砂が七七〇万立方メートルたまっていたので、洪水調節容量は、三一五〇―七七〇＝二三八〇万立方メートルに減っていた。この台風時の実際の洪水調節量は六〇〇立方メートル／秒と報告されている。

二〇一〇年に台風がきて、同じ目標流量となればどうなるだろう。この時の堆砂量は一三九二万立方メートルなので、洪水調節容量は、三一五〇―一三九二＝一七五八万立方メートルであり、二〇〇三年にくらべて五九二万立方メートル、率にして七四パーセントに落ちている。したがって、二〇〇三年と同じ流量であれば、洪水調節量は六〇〇立方メートル／秒以下となり、下流ではより大きい流量となり、水害が大きくなる可能性がある。

したがって、沙流川の治水としては、上流にさらに平取ダムを建設するのではなく、二風谷ダムの堆砂量を減らすことが重要なのである。先に触れたように、二風谷ダム本体には、他のダムと違って、ダムの下側の川床高と同じ高さにオリフィスゲートが多数設置されている。これは開発局が、二風谷ダムには堆砂が多いことを予想して設置したものと推定される。当面は、このオリフィスゲートを改良して多量の土砂が流出するようにして、洪水調節容量の増大を図る必要がある。

写真2　平取ダム建設予定地

今後の展望

このように、まずは二風谷ダムの堆砂を減らす措置を講ずるとともに、河川改修と堤防強化により流下能力を高め、目標流量でも安全な沙流川の治水をめざす。中長期的には、荒廃している上流の森林整備を行い、土砂流出防止と水源涵養をはかるとともに、球磨川の荒瀬ダム撤去に学び、二風谷ダムを全開して、堆積土砂を下流に流す。最終的には、上流から下流まで清流が戻り、サクラマスやシシャモがよみがえることは可能であり、それをめざす。

（北海道自然保護協会副会長）

最上小国川

アユと共に生きる清流

◆草島進一

ダムのない清流

最上《もがみ》小国川《おぐにがわ》は、山形県民の母なる川、最上川の支流、長さ三九キロメートルの一級河川である。最上川水系の主要な支流の中で唯一、流域にダムが建設されていない清流で、古くからの手付かずの自然が数多く残されている。

特に水産資源では、山形県有数のアユが遡上する河川として知られ、年間平均で推定一〇〇万匹のアユが遡上する。このためアユ漁を生業とする漁師のほかに、年間三万人におよぶ釣り客が流域を訪れる。安定した漁業権収入を含めて漁業資源の豊富な河川である。

この最上小国川の上流、最上町大字赤倉地先に、最上小国川ダムの建設が計画されている。

最上小国川ダムは当初、補助多目的ダムとして計画されたが、その後の水需要の変化によって利水事業の有益性が薄れたこともあり、洪水調節の役割のみを残し計画を縮小した。現在は治水専用ダムとして計画が進められている。総工費六八億円、二〇一二年度予算では、用地買収、転流工事、取り付け道路建設などの予算五億七二〇〇万円が組まれている。

赤倉温泉地域の治水だが

小国川ダム建設の目的は流域住民の生命と財産を守ることだが、小国川流域で洪水の心配のある下流域の月楯《つきだて》地域と瀬見《せみ》地域は、ほぼ五〇年に一回は起こるであろうという確率の洪水に耐えられる治水が完了している。つまり、小国川ダムはほぼ赤倉温泉地域の、最大で三九戸の治水対策用のものとなっている。

赤倉温泉は、小国川沿いに一〇軒弱の温泉旅館が営業している温泉地である。発見は古く、平安時代にさかのぼる開湯伝説があり、江戸時代には芭蕉も奥の細道の途中で立ち寄っている。

戦後、この温泉街最大の洪水被害は一九七四年八月のもので、流域全体で床上浸水六一戸、床下浸水二七八戸（赤倉温泉地内床上一八戸、床下浸水二一戸、計三九戸）という被害があった。さらに一九九八年九月に床上浸水七戸、床下浸水一一戸などの被害。続いて、二〇〇二年には床下浸水一棟、二〇〇六年一二月には床上浸水二戸、床下浸水六戸、二〇〇九年には床下浸水三戸という被害状況である。そのうち、二〇〇九年の床下浸水三戸は、川の溢水ではなく、内水被害だったことを県は明らかにしている。

この温泉街の治水はたいへん難しい。まず旅館群が河道を狭めるように

写真１　最上小国川の清流とアユ釣りの人びと

立地している。なかには建物が明らかに川に迫り出している旅館がある。さらに致命的なのは、県が河道内につくった高さ一・七メートルの堰堤が、土砂を堆積させ、流下能力の乏しい危険な箇所ができていることだ。「以前は親子で水泳ができたほど深かった場所が、今膝丈ぐらいになっている」と語る住民もいる。堰は旅館の温泉確保のために、以前は住民が粗朶《そだ》などで造っていたことがわかった。

頻繁に洪水災害が起こっていると県はことさらに強調しているが、いつも床上、床下浸水で騒がれる箇所約四件は、堤防を越流するといった河川洪水の被害ではなく、雨を川に流して処理しきれなくなったための内水氾濫による内水被害であった。したがって、河床を掘削し流量を増せば、治水安全度が確実に高まることは明らかだ。しかし、県はこれまで、「湯脈に影響するので河床の掘削ができない」と主張し続け、河床掘削案を排除している。

また県は、建設期間の比較で、赤倉温泉の安全の確保に「ダムならば五年、河川改修のみの計画だと七四年かかる」と試算して、その不合理性を主張している。しかし、県による河川改修案をみると、五〇年確率の洪水を防御する堤防などの整備を必ず下流から行わなくてはならないという案になっていた。下流域の瀬見地域、月楯地域など集落のある地域はおおむねその規模の洪水に耐えられている。現在、「ダムだけに頼らない治水」を考慮すれば、遊水池などに指定してもいい「田んぼ」なども同様に、五〇年確率の堤防で整備しなくてはいけないようなプランになっていた。

しかし、滋賀県方式のように、地先の安全度の確保に基づき、段階的整備として河川整備を行う総合治水対策の観点に立てば、赤倉温泉地域の治水に七四年かかるというのは長く見積もりすぎているのは明白である。

最上小国川漁協の反対

ダム建設によってアユ遡上への影響を憂慮する最上小国川漁協（組合員一三〇〇名）は、二〇〇六年にダム建設に反対決議を行い、現在も強固な反対運動を展開している。アユの漁獲高だけで、年間一億三〇〇〇万円ある最上小国川。毎年、舟形町で行われる若アユまつりは、二日間で二万四〇〇〇人が訪れ、たいへんな賑わいをみせる。

この小国川の自然資本の価値はどのくらいだろうか。二〇一〇年夏に近畿大学農学部水産学科の有路昌彦准教授らの研究チームに調査していただいたところによると、小国川の釣り客によって発生している経済効果は、直接効果だけでも年間約二一億八〇〇〇万円。何らかの理由で河川環境やアユ資源の劣化が生じた場合、年間一〇億円、一〇年で一〇〇億規模の経済損失が発生するという数字がはじきだされた。調査にあたった有路先生は、この全国屈指の清流とアユは、今後の流域のまちづくりを担う試金石であること、経済学の見地からダム建設投資は新しい価値を生み出さず、長期的にみれば流域経済にとってマイナスになると言及した。

「穴あきダム」は本当に環境にやさしいのか

小国川ダムで建設が予定されているのは「穴あき流水型ダム」というものである。穴あき流水型ダムとは、ダム堤体の下部に穴があいており、貯水しないダムで、県の説明によると、通常は自然の川のように水が流れるため、貯水ダムのように水質汚濁がなく、アユの遡上も妨げないと

写真2　最上小国川の誇り「松原鮎」

いう。最上町のダム建設の陳情をした報告のチラシには「日本一環境にやさしい穴あきダム」と堂々と書かれていた。

現時点で最新型の穴あきダムには島根県益田市の益田川ダム、石川県金沢の辰巳ダムがある。私はこの二つのダムを視察したが、益田川ダムのある益田川は、工場廃液が流れ込む川で漁業権はなかった。辰巳ダムがある犀川《さいがわ》は上流部に大型の犀川ダムがあり、すでに天然河川の様相はなかった。いずれも、ダム建設前後でアユの遡上量の定量、定性的な調査は行われておらず、益田川ダムの管理者は「穴あきダムは環境にやさしいことを目的に作ったのではなく、効果的に土砂を排出するためにつくられたダムである」と話していた。

二〇〇四年七月の新潟七・一三水害では、上流にダムが二つあり、その一つの穴あきダムがある五十嵐川で堤防が決壊し、七〇〇〇棟以上の床上床下浸水、死者九名の犠牲者を出している。

この水害を教訓に、五十嵐川では下流部二〇〇戸の移転をともなう河道拡幅を行っている。二〇一一年七月末の豪雨ではそれが幸いし、下流域で犠牲者を出すことはなかった。

二〇一一年九月に豪雨災害があった和歌山県では、三つのダムが満杯で治水の役目を果たしていなかったことが報道されている。和歌山県の日高川に、一〇〇年に一度の雨量に対応する椿山《つばやま》ダムがあるが、氾濫し、家屋五九棟が全壊、三人も死亡している。

こうした災害から学べることは、ダムなどのハード対策をしても想定外の洪水時には機能しないし、ダム放水によって人命が失われてもいる、ということである。住民の生命と財産を守るためにも、超過洪水対策としても有利で、環境に影響の少ない、ダムによらない「総合治水」を極限まで検討することが必要なのである。それなのに山形県は「流水型穴あきダムであれば、アユに与える影響はほとんどない」という立場をとっているままである。

県は工事を強行

二〇一二年九月二五日には、清流を守る会の有志、住民は、県を相手に「最上小国川ダム工事公金支出差し止め等請求住民訴訟」を起こした。河道改修などの治水方策があるにもかかわらず、ダムに固執しているのはまったくの税金のムダ遣いであるという趣旨だ。

九月二七日には、県議会の予算特別委員会で私は、ダムによらない治水を行い、この貴重な生物多様性を守れば、森・里・川・海連環の地域としてユネスコエコパークも夢ではないが、ダム建設ですべての可能性を潰してしまうのだということを投げかけた。

しかし、県は一〇月に入ると工事に着工し、取り付け道路工事のために森林を伐採しはじめた。小国川漁協は予算執行の停止を求め、県に要請。その場で、同意する姿勢はまったくなく、漁業補償交渉にも一切応じないと断言した。

一〇月二九日、私たちのダム強行反対！のシュプレヒコールの横で、県はダム建設の起工式と着工を祝う会を行い、ダム建設が強行されている。

小国川ダム建設の目的は、赤倉温泉地域の洪水被害を解消することだ。吉村知事は、「住民の生命と財産の安全」としてダム建設を主張する。

赤倉温泉流域の堆積土砂の除去をおこない、河床を低くすれば、内水氾濫も、また稀だが想定される越水、溢水被害も防ぐことができるのだ。

持続可能な未来をつくるためにも、なんとしてもこの清流を守り抜きたい。

（山形県議会議員・最上小国川の清流を守る会共同代表）

写真3　最上小国川で遊ぶ子どもたち

霞ヶ浦

アサザプロジェクトの挑戦

飯島 博

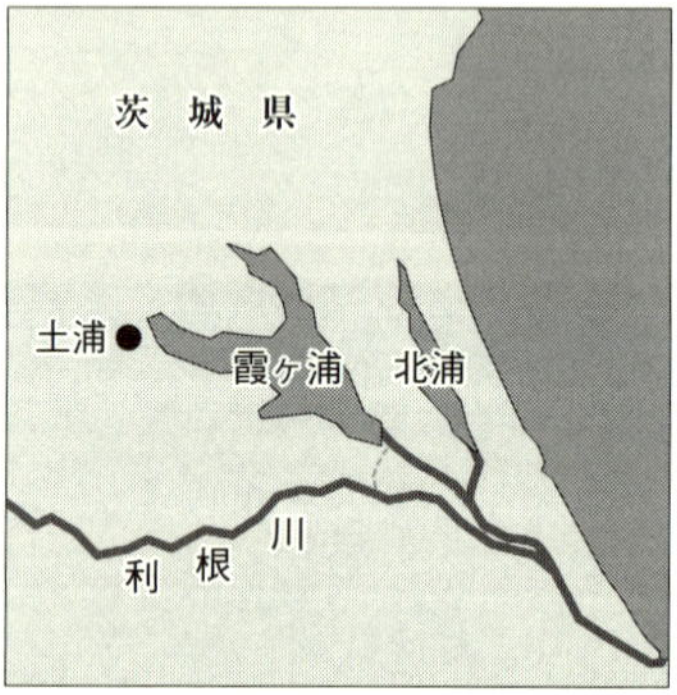

「治水は造るものにあらず」「造るに非ず除くにあり」——田中正造

田中正造が亡くなって今年（二〇一三年）で一〇〇年になる。「谷中亡びても問題は生きて働かん」という彼の言葉のとおりに、〝問題〟は未解決のまま生き続けている。足尾鉱毒問題のすり替えとして実施された谷中村《やなかむら》の破壊と遊水池化、それから約五〇年後に起きた水俣病、約一〇〇年後に起きた東京電力福島第一原発の爆発。

いずれも学者や役人、政治家らが問題の本質から人びとの目をそらそうとして、次々と深刻な事態を引き起こし、多大な犠牲を住民に強いてきた。問題の真の原因を除こうとはせず、ただ放置し、対症療法で済まそうとする矛盾が、さらに新たな問題を生み、また対症療法で対処する。負の連鎖に人びとを巻き込む愚行が一〇〇年以上経った今も続いている。

霞ヶ浦開発という問題

霞ヶ浦《かすみがうら》は首都圏の水瓶として一九六〇年代から大規模な水資源開発「霞ヶ浦開発事業」「霞ヶ浦総合開発事業」が実施されてきた。霞ヶ浦と海をむすぶ常陸《ひたち》利根川に逆水門が造られ、一九七三年からは海から湖への流れを完全に遮断し、淡水化するために完全閉鎖されている。同時期に、湖岸約二五〇キロメートル全域でコンクリート護岸を造る工事が行われ、湖内の植生帯の大半が失われた。これらの環境への配慮を欠いた開発によって、湖の水質は急激に悪化、生物多様性も損なわれ、内水面漁業で漁獲高全国一を誇った漁業も一気に衰退した。

これらの犠牲を払って実施された霞ヶ浦開発であったが、事業の大きな目的であった将来の水需要に備えた水資源の確保は、現実には開発用水の大幅な水余りで予測の甘さを露呈させた。

これまで述べた逆水門の閉鎖や護岸工事は、霞ヶ浦の破壊の第一段階である。第二段階は、将来の水需要を見込んで計画された、湖の水位上昇管理である。護岸工事の多くは湖内の植生帯を潰す沖出し工法で実施されたため、湖のヨシ原などの植生帯の大半はすでに失われていた。さらに、かろうじて残された植生帯にも危機が迫っている。

建設省は一九九五年から湖の貯水量を増やすために、湖の水位をそれまでより三〇センチ上昇させる計画を立てた。この計画には、霞ヶ浦北浦流域の市民のネットワーク組織である「霞ヶ浦・北浦をよくする市民連絡会議」が中止を強く求めたことで、一部見直しが行われたが、一九九六年から実施された。

水草アサザとアサザ基金

アサザ（ミツガシワ科）は、初夏から秋にかけて黄色い花を咲かせる水草で、かつては全国各地の水辺で見られた。しかし、護岸工事や水質汚濁などの水辺環境の悪化にともない減少を続け、今では霞ヶ浦が遺伝的多様性を維持する唯一の生育地になってしまった。また、後で述べるように、アサザは湖の水位操作の影響を受けやすい水草である。

「霞ヶ浦・北浦をよくする市民連絡会議」では一九九五年からアサザの保護活動を契機にして、霞ヶ浦と流域全体を視野に入れた取り組みの実現をめざし、社会の縦割りを越えた市民主導の公共事業「アサザプロジェクト」を開始し、その事業部門としてアサザ基金を発足させた。

写真１　霞ヶ浦のアサザ群落

小学校や市民も参加するアサザプロジェクト

アサザ基金では、この水位上昇管理による植生帯や生態系への影響を指摘してきたが、水位上昇による広大な湖全域で植生帯への影響を調査することは困難と考え、水位上昇の影響を受ける可能性のある植物を指標として調べることにした。それが、水草アサザである。アサザは湖の自然の水位変化（夏秋高く、冬春低い）にあわせた生活史をもつことから、霞ヶ浦開発事業による水位上昇（特に冬春高くする）で大きな影響を受けることが予測されていた。

水位上昇が実施される直前の一九九四年から霞ヶ浦・北浦全域でアサザの分布調査を行い、水位上昇後の変化を追っていった。同時に、絶滅に瀕していたアサザを保護するために、種子から育てる里親運動を実施した。

アサザを実際に多くの市民に育ててもらうことで、アサザの生態をとおして湖の自然な水位変化を維持することが生態系を守るために重要であることを知ってもらうことも目的としてあった。育てたアサザを湖に植え付ける取り組みは、市民が実際に湖に入り実態を知る機会をつくった。霞ヶ浦流域の大半の小学校がこられの取り組みに参加したこともあり、数万人規模の活動へと展開していった。

アサザプロジェクトは、ここから農林水産業や地場産業、企業、行政等と協働した多様な事業・市民型公共事業へと発展していった（**図1**）。

しかし、アサザ基金が繰り返し中止を求めたにもかかわらず、当時の建設省は水位上昇を実施し、その結果、アサザは一九九六年から二〇〇〇年までの間に、湖にあった三四の群落が一一に、群落面積は一〇分の一にまで減少してしまった。

私たちが指標としていたアサザが水位上昇後に激減

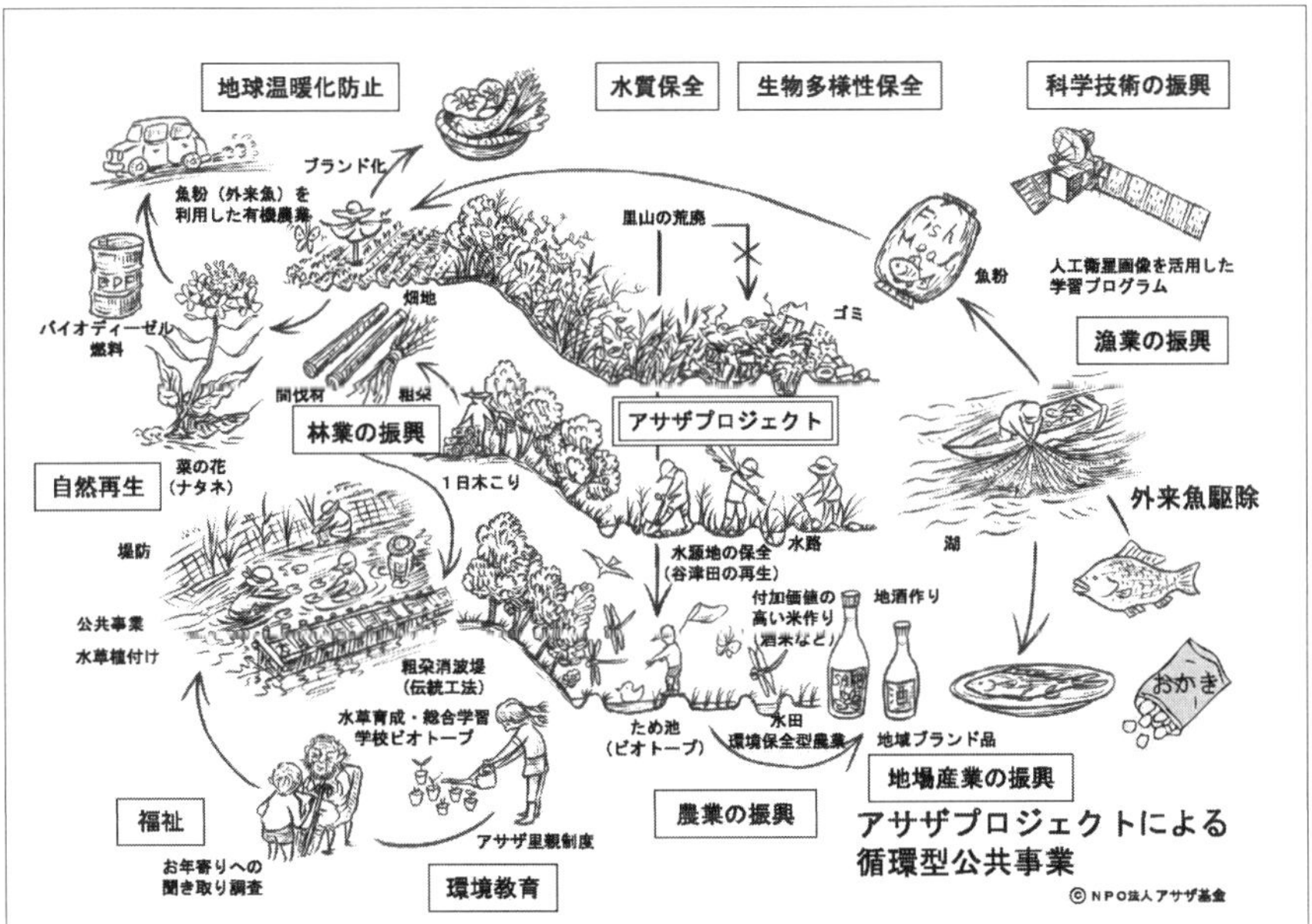

図1　アサザプロジェクトによる循環型公共事業

したことを受けて、アサザ基金は建設省に水位上昇の中止を強く求めた。建設省もアサザが激減したことを認めざるを得ず、その結果、二〇〇〇年一〇月に水位上昇は中止されることになった。

自然再生事業にすり替えられた水位上昇問題

ところが、この水位上昇の中止が決定した時期にあわせて、予期せぬ動きが周囲で始まった。建設省と一部の研究者が、水位上昇中止の動きの背後でアサザ等の植生帯の復元事業を計画しはじめたのだ。二〇〇〇年一〇月に水位上昇中止で合意する以前に建設省は、この植生帯復元事業（自然再生事業）の実施と引き換えに、水位上昇の継続を求めてきた。これに対して私たちは、あくまで水位上昇の中止を求め続け、その結果、一〇月に漸く中止の決定となったのである。

しかし、この中止の決定にも罠が仕組まれていたことが、後になってわかってきた。中止の決定には、自然再生事業の実施が含まれていたのだが、この事業の実施期間中は水位上昇を行わないという一文があったのだ。事業実施後の水位管理に関して、建設省は当時アサザ基金も参加した「霞ヶ浦の湖岸植生帯の保全に係る検討会」での議論や評価に基づき決定するとしていた。検討会では、調査データや意見を集約した結果として、水位上昇や逆水門の閉鎖がアサザ等の植生帯の衰退に影響していることを認めたが、その直後二〇〇二年に突然廃止されてしまった。

そして、国土交通省は翌年二〇〇三年から水位上昇を再開すると発表。アサザ基金の反対を押し切り、国交省は毎年徐々に水位を上昇させはじめた。水位上昇の再開と同時に、国交省は新たに「霞ヶ浦湖岸植生帯の緊急対策評価検討会」を設置、これにはアサザ基金を参加させず毎年開催して事業評価を行っている。

水位上昇再開後、アサザは再び減少しはじめ、現在では存続可能性のある群落は二～三にまで激減している。このままでは確実に絶滅する。同時に、ヨシ原の減少も著しく、各地で次々と消滅している。しかし、検討会はこのような状態にあるにもかかわらず、アサザやヨシ原が減少していることを無視し、水位上昇の影響についても議論を避け続けている。検討会は、二〇一一年になって漸くアサザが減少したことを認めたが、原因は不明であるとして、水位上昇以外の原因(たとえば、ザリガニによる食害など)の検討をえんえんと続けている。

当の自然再生事業はどうか。アサザプロジェクトをモデルのひとつとして自然再生推進法が二〇〇三年に制定され、霞ヶ浦でも同法に基づく自然再生協議会が設置されている。アサザ基金はこの協議会に出席し、湖の自然再生の前提となる水位管理と逆水門の運用について議論することを提案したが、多数決によって拒否されてしまった。

湖に生息するすべての動植物に影響する水位上昇や逆水門閉鎖の問題を無視して、どうして湖の自然を再生させることができようか。「盆栽花流の学者多し。造るは自然を造る。造れば自然の如し。自然を害してまた自然を見せんとす」――これも田中正造の言である。

再生しようとする自然の営みを阻害する人間社会による原因を除かなければ、自然は再生しない。「造るに非ず除くにあり」が自然再生事業の原則だ。

放射性物質の蓄積を防ぐ対策を

二〇一一年に起きた福島第一原発の爆発によって、大量の放射性物質が霞ヶ浦流域にも降り注いだ。もちろん二二〇平方キロメートルある広大な霞ヶ浦の湖面にも降り注いだ。

ところが、このような事態にもかかわらず、国交省は水位上昇実施期間であるとして通常よりも逆水門の閉鎖時間を増やし、湖水をわざわざ停滞させ、放射性物質の蓄積を促す管理を実施していた。また、三月一一日は国交省が最も高く水位を上昇させる期間とも重なっていたことから、広範囲に発生した堤防や住宅地、農地での液状化現象との関連も指摘されている。

さらに一年近く経ち、霞ヶ浦流域の五六本ある流入河川での放射性物質の蓄積が問題となった。アサザ基金は、これらの河川から湖に流入する放射性物質の蓄積を防ぐために逆水門の開放時間を増やすことを要望したが、国交省は逆に閉鎖時間を増やす管理を続行した。

逆水門を閉鎖すると水位が上昇し、湖内の植生帯が水没する。水没した植生帯には放射性物質が蓄積しやすくなる。また、国交省は水位上昇管理によって波浪が高まり堤防に影響があるとして、堤防に沿って沖側に数十キロメートルもある石積み堤の設置を始めた。石積み堤は透水性がまったくなく水の動きを遮断し堤防との間に静水域をつくるため、放射性物質を多く含むヘドロの堆積を促す。愚行である。歴史は繰り返すというが、国は霞ヶ浦を鉱毒溜ならぬ、放射能溜にしようとしているのだ。

環境省は、現在五六本ある流入河川の内の一二本の河川（各一カ所）でしかモニタリングを行っていない。また、国も茨城県も、流入河川に蓄積している放射性物質についてまったく対策を講じようとしない。数十万人の人びとの水道水源地である霞ヶ浦に、放射性物質が日に日に蓄積しているのにもかかわらずである。

そのため、アサザ基金では生協や農業団体等の協力を得て、独自に五六本すべての流入河川でモニタリングを実施している。また、湖への放射性物質の蓄積を防ぐための方策を検討実施するために、研究機関など各方面に協力を呼びかけている。この問題に民官の協働「新しい公共」によって取り組んでいきたいと考えている。社会の縦割りを越えた中心のないネットワークであるアサザプロジェクトに与えられた新たな課題である。

「自治人民の自治権は住民より発動すべし」

厳しい状況が続く霞ヶ浦だが、未来を展望できる動きも見えはじめている。アサザプロジェクトに参加した人びとは、延べで二二万人を超えた。アサザプロジェクトをモデルにした取り組みも市民型公共事業として全国各地に広がりつつある。そして、二〇一一年になって、アサザ基金が提案してきた逆水門の柔軟運用案を、流域の土浦市議会をはじめいくつもの市議会、県市議会議長会が全会一致で採択しはじめたのだ。

アサザ基金が提案している逆水門の柔軟運用は、多様な組織が社会の縦割りの壁を越えて協働することで実現する。このような柔軟な発想は、絶対に役人や学者たちからは出てこないだろう。なぜならば、彼らは必ず面を点から治めようとする。点からの管理は、面を均一にして捉えて、中央制御（特定の技術集団による管理）を志向する。

近代技術はこのような志向に沿って発展してきたが、その限界はすでに明らかだ。今、世界は、面の潜在性（多様性）を浮上させ機能させるネットワーク型思考へと転換しつつある。それは個々の人格が場として機能するネットワークである。それは、一人ひとりの住民が、自治を発動する場となる社会だ。

「自治人民の自治権は住民より発動すべし」（田中正造）

市民には自らネットワークを広げ展開する力がある。水のネットワークに重なり、調和する社会のネットワーク。その作り手は他でもない市民だ。

「治水は造るものにあらず」

治水技術と治水とを混同してはならない。水は統治の道具ではなく、住民自治の源である。

（NPO法人アサザ基金代表理事）

利根川・江戸川流域

江戸川の稚アユ救出作戦

◆

佐野郷美

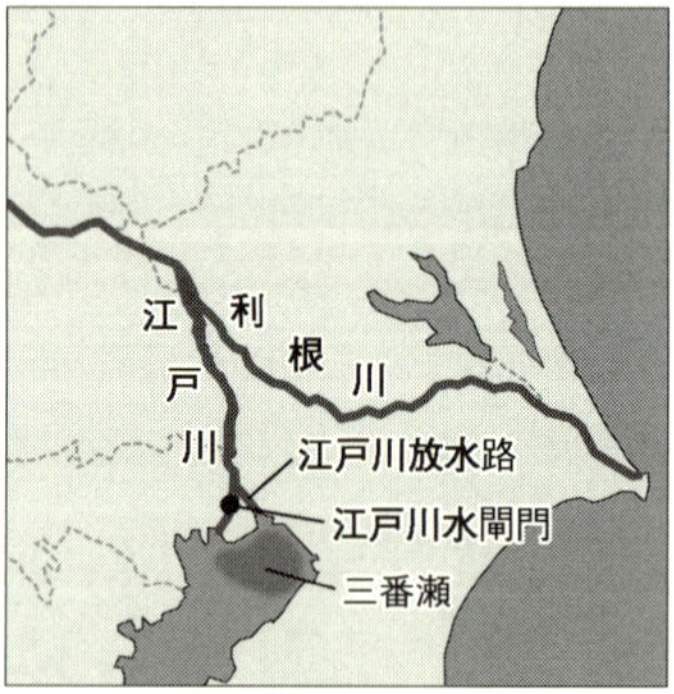

海の再生は川の再生から

東京湾最奥部の干潟と浅瀬の海「三番瀬《さんばんぜ》」。その大規模な埋め立て計画が白紙に戻されたのは二〇〇一年のことであった。

脱ダム宣言で有名な田中康夫さんが「勝手連」という市民の力を得て長野県知事になり、その流れが千葉県にも飛び火して、千葉県民による勝手連が堂本暁子さんを担ぎ上げ、二〇〇一年四月、堂本暁子千葉県知事が誕生した直後のことだった。

堂本新知事は、三番瀬埋め立て計画を白紙撤回するという公約を掲げ当選した。そして「埋め立て計画を白紙撤回するとともに、千葉県方式の公共事業により、情報公開のもと、市民参加で三番瀬再生計画を立案する」として、二〇〇二年二月、学識経験者、臨海部の企業家、漁業者、環境NGO、公募による市民など二四名からなる「三番瀬再生計画検討会議（通称、円卓会議）」を発足させた。議論は二年に及び、私は途中から環境NGO枠委員として加わった。

この円卓会議は最終的に二〇〇四年一月、「三番瀬再生計画案」をまとめ上げ、知事に答申した。二年にわたって「海の再生」について議論する中で、当たり前ではあるが、「海の再生は海だけを考えていただけでは実現できない、その海にそそぐ河川環境の改善が欠かせない」と再認識した。

利根川・江戸川流域ネットワークの結成

二〇〇三年、江戸川流域で河川およびその流域の自然をテーマに活動する六つの環境団体が緩やかに連携し、江戸川の治水と環境をテーマにして開催した「江戸川・利根川流域シンポジウム二〇〇三」をきっかけに、翌二〇〇四年「利根川・江戸川流域ネットワーク」（以下、「TON－E－DOネット」と記す）が、江戸川と利根川の河川環境を改善していくことを目標に発足した。

しかし、ネットワークといっても、利根川の流域面積は日本最大で、地域によって問題は分かれている。上流域では八ツ場などのダム建設問題に取り組んでいるが、中下流域では水質、堤防や河川敷のあり方などをテーマに活動している。さらに下流の海に面した地域では、埋め立て問題などに市民の関心が集まっている。同じ「川」といっても、市民の抱える課題は変化に富んでいる。TON－E－DOネットとしては、どうしても上流

写真１　東京湾最奥部の干潟と浅瀬の海「三番瀬」

から下流、そして沿岸域までも含んだ共通のテーマが欲しかった。

そこで、まず江戸川・利根川流域のさまざまな現場をこの目で確かめようと、二〇〇四年と二〇〇五年に利根川流域へのバスツアーを行った。

二〇〇四年のバスツアーは利根川と江戸川の分流点、利根大堰、渡良瀬遊水池を見学の後、思《おもい》川《がわ》水系へ。地元の古峯《ふるみね》神社に一泊し、美しい渓流を歩き、地域の活動団体の方からお話をうかがい、おいしいアユをいただいた。しかし、そのアユは天然アユではなく、養殖、放流されたアユだった。

地元古峯神社に宿泊した晩、私たちは「アユは清流のシンボル。そして、上流域から海までを利用して生きている。アユが健全に育つ川を目指そう！　そうすれば、江戸川も利根川も良い川になっていくにちがいない」と気づいた。「アユをテーマにすれば、上流域から下流域、そして海で活動する市民も共通のテーマで連携できる」と確信し、かくしてＴＯＮ－Ｅ－ＤＯネットの「江戸川アユ・プロジェクト」がスタートすることになった。

二〇〇五年の第二回流域視察バスツアーでは、高崎市を本拠地として活動する「日本一のアユを取り戻す会」の方々と交流し、天然アユの復活を目指す同会の皆さんが「東京湾で育ち、江戸川をのぼる稚アユに大きな期待をかけている」ということを知った。

「江戸川の稚アユ救出作戦」

江戸川の下流部、江戸川放水路と旧江戸川の分岐点に江戸川水閘門《すいこうもん》がある。川の水位を調節する水門と、船が行き来するための閘門を合わせた河川施設である。

この水閘門には魚道がないため、江戸川を稚アユが遡上する三月後半から、水閘門の下流側に大量の稚アユが遡上できずに溜まっていて、水閘門の開閉で運よくこの水門を通過できた稚アユ以外は、釣られたり、カワウやコアジサシの餌になったり、そのまま死に絶えていた。一方、江戸川放水路は、台風や大雨で江戸川の水位が高くなった場合のみ国土交通省の判断で可動堰を開けるので、稚アユはここからは遡上できない。

私たちは、この稚アユが少しでも遡上できるように、「江戸川の稚アユ救出作戦」というイベントを企画し、江戸川に多くの稚アユが遡上していること、それが河川施設のために阻まれていること、そして魚道が必要なことを地域住民に訴えていくことにした。もちろん、河川管理者である国交省江戸川河川事務所に対しては、イベントへの協力と「魚道」の設置を求めていった。

江戸川河川事務所は、このイベントを企画した当初から「川に多くの市民が関心をもち、魚道設置の声が高まれば、将来魚道の設置も可能になる」と前向きな姿勢を示してくれた。それは、すでに一九九七年の改正河川法で、河川環境が河川法の一つの大きな柱になっており、二〇〇三年の自然再生推進法の施行などを背景に、国交省は二〇〇四年には「魚がのぼりやすい川づくり」を推奨しはじめ、同年三月にはその手引書まで作っていたからである。

二〇〇五年四月一七日、国交省江戸川河川事務所と、江戸川をはさむ江戸川区と市川市の教育委員会の後援、その他たくさんの流域の市民団体の協力を得て、第一回の「江戸川の稚アユ救出作戦」を開催した。水閘門で遡上できない稚アユを網ですくい、バケツリレーで上流側に放すという人

写真２　江戸川を遡上する天然の稚アユ

海戦術である。

しかし、この救出方法では稚アユを十分に捕獲できず、捕獲できたとしても網で体が傷つけられ弱ってしまうことがわかり、第二回目の二〇〇六年以降は、一〇名が乗れる大型のゴムボート「Eボート」に子どもたちを乗せ、水閘門を通り抜ける企画を立て、Eボートと一緒に稚アユを遡上させるという救出方式に変更した。

この方法により確実に稚アユを遡上させることができたことは、松戸市漁業協同組合が行っている稚アユ定置網漁にかかる稚アユの数の増加で確認できた。群馬県からは「日本一のアユを取り戻す会」の会員が遠路はるばる見学に来てくれた。また、第三回には、稚アユの大きな群れの遡上とこのイベントが重なり、多数の稚アユが群れている姿をたくさんの子どもたちが見ることができた。

二〇一二年も第七回目の救出作戦を、サクラの花がまだ残る四月一五日に、二〇〇名を超える参加者とともに盛大に実施した。

稚アユ遡上試験と魚道設置の要請

こうした取り組みにより、江戸川河川事務所も二〇〇七年から、稚アユが遡上する時期に水閘門の開放時間を長くし、稚アユが通り抜けやすいよう配慮してくれるようになった。この効果も、上流で稚アユ漁を行っている松戸漁協の捕獲量が増えたことにより証明されている。

また、江戸川河川事務所は二〇〇八年から水閘門を行き来する魚類の調査を行い、二〇〇九年から二〇一〇年には、簡易魚道を遡上期間だけ設置して、どれだけの効果があるかを調べた。

仮設の魚道には、多くの稚アユが遡上し、サケ・サクラマスなどの回遊魚のほか、ウキゴリ、モクズガニも上がってきた。水門を開けたときの水流によって下流に流されたモツゴやオイカワなどの淡水魚も元の水域に戻るため、遡上する姿が見られた。

ひとつながりの「水の道」が確保されるだけで、多くの生き物が上流と下流を行き交うようになることがこの魚道テストによってわかったのである。

「仮設の魚道ではなく、常設の魚道ができれば、江戸川はもっと多様な生き物たちに彩られた豊かな川になるはず、昔の江戸川に近づけるはず」、その思いから私たちは、今、江戸川水閘門わきに魚道の設置を求めている。

江戸川が、より豊かな自然を取り戻していけるように、私たちは今後も魚道の設置を求めながら、「江戸川の稚アユ救出作戦」を続けていくつもりだ。

首都圏氾濫区域堤防強化対策事業（えどがわなごみ堤）

私たちTON－E－DOネットでは、不定期ではあるが、国交省江戸川河川事務所と話し合いの場をもっている。また、年に一度のペースで、江戸川現地視察会を河川事務所職員と一緒に行っている。

利根川水系上流部には、八ッ場ダム建設計画や、南摩ダム建設計画を含む思川開発事業などの本当に治水・利水上必要な公共工事なのか疑問を感じざるを得ない事業があるが、治水と環境を二つの大きな柱とした現行の河川法に照らしてみて、江戸川にも再検討してほしい事業がある。

写真3　稚アユと共に閘門を抜ける

それは、「首都圏氾濫区域堤防強化対策事業（えどがわなごみ堤）」と「高規格堤防（スーパー堤防）整備事業」である。

国交省のホームページによれば、「首都圏氾濫区域堤防強化対策事業（えどがわなごみ堤）」は、人口と資産の集積している江戸川の中下流部の右岸堤防が決壊した場合に、この地域に甚大な被害が予想されており、そのような被害を引き起こさないように堤防強化を行うというもの。利根川分派点から下流の常磐自動車道付近まで、約三〇キロメートルの江戸川右岸堤防の安全度を評価したうえで、対策の必要な箇所を優先的に整備するという。二〇〇四年度から着手し、概ね一〇年間で完成させる予定だ。

堤防強化の方法は、すべり破壊に対する安全性を確保し、堤体および基礎地盤の漏水を防止するため、川裏側に盛土して一：七の緩斜拡幅堤防とし、堤防天端は雨水が堤防内部に入るのを防ぐ目的で舗装、川表側も一：四の緩傾斜で覆土するというものである。

私たちは、この事業の問題点を、河川環境を守り生物たちの生息環境を保全する立場、そしてムダに税金を使わないという視点から、以下のように整理し、河川事務所に要望した。

①堤防の強度調査の結果では、区域によってその安全度は異なるのだから、一律の工事計画ではなく強度に応じた工事を検討すべき。

②河道の水際を埋めるなどの改変はしない。

③河道内の断面積減少を解消するために行われる、河道掘削、高水敷を狭めるなど、さらに河川環境を悪化させる工事を行わない。

④七メートル幅の管理道路を、ところどころにすれ違えるスペースを設け、道路幅をもっと狭める。

それに対して国交省は、「①基本断面は変えられない。②水際の環境については最大限現場対応で配慮する。③費用がかさむため、堤防拡幅のために必要な土砂は河川内の近場から融通したい。④検討はする」と回答した。河川環境を大きく改変する画一的な堤防強化工事を進めているのである。

高規格堤防（スーパー堤防）整備事業

江戸川では、堤防の決壊による壊滅的な被害を回避するための超過洪水対策として、従来の河川堤防より飛躍的に安全度の高い高規格堤防（スーパー堤防）整備事業を実施している。

スーパー堤防とは、高さの約三〇倍の幅を有し、洪水による越水や水の浸透が長時間継続しても壊れない堤防で、事業実施に当たっては用地を買収せずに従前の土地利用を行うことを基本に、地元の自治体が行う江戸川沿いの市街地整備と一体的に共同で実施するという。江戸川ではすでに一九八八年から事業に着手し、整備済箇所は二〇カ所以上になる。

ご存じのように、民主党政権誕生時に「事業仕分け」が行われ、一度は「事業廃止」となったが、その後「規模を縮小して実施」となったものだ。しかし、自民党が政権復帰したため、この「縮小実施」もどうなるかわからない情勢である。

河川に隣接する部分に、区画整理などの事業が起こった際に一体として実施する事業であるために、いつまでたっても終わらない事業であり、したがって、工事箇所が破堤することはなくなるが、いつまでたってもこの事業によって流域の治水安全度が高まることはない。また大量の土砂投入が必要で、そのための膨大な費用、エネルギー浪費、CO2排出は今の時代に大きく逆行するものである。

河川環境の保全と調和した新しい治水を求めて

私たちは、江戸川をはじめ、利根川流域全体の自然環境の保全と復元を求めている。自分たちがふだんフィールドとしている範囲にはダム建設問題はないが、これ以上流域の自然環境を大きく破壊するダム建設計画には反対である。そして、今国交省が策定を進めている新しい河川整備計画も、過大な基本方針に沿って作られる誤った整備計画になる可能性が高いと考えている。

一方、もしダムができなくなった場合、基本方針が過大であるがゆえに、今度はダムで負担する調節流量を河道整備でまかなうという河川整備計画になりかねない。そうなると、河川環境は改正河川法の趣旨とは裏腹に、大きく破壊されかねない。私たちはダム建設に反対であるが、同時に過剰な河道整備にも反対である。

二〇〇九年、初の民主党政権は、八ッ場ダム建設について事業中止を明言したが、その後迷走し、二〇一一年末、建設再開となった。現時点で、二〇一一年末の官房長官裁定により、ダムの本体着工には利根川水系にかかわる「河川整備計画」の策定が条件とされた。国交省関東地方整備局は現在、急ピッチで策定作業を進めている。

それに対応する私たちの最大の要求は、「利根川水系河川整備計画をゼロから作り直せ」ということである。もっとはっきり言えば、「八ッ場ダム建設ありきの計画策定」をやめ、「改正河川法の柱である河川環境も重視した民主的な河川整備計画策定」を行え、というものである。

わが国は今、人口減少社会を迎え、社会保障への要求が強まる一方で、税収の減少が見込まれ、今後、治水に使える予算は大きく減額されるものと思われる。また、都市構造や土地利用のあり方も変化していくであろう。今後はそうした将来予測を踏まえて、四〇～五〇年先の都市のあるべき姿、治水のあり方を考えるべきだ。

それには、（1）河川流域全体で「保水」「浸透」「遊水」「貯留」「排水」を進める必要があり、総合的な治水の観点から再検討する。（2）人口減少社会を想定し、河川に隣接する地区を可能なかぎり人の住まない地域として用途を変更し、「引き堤」を行ったり「遊水池」を建設できるようにする。（3）遊水池の建設や引き堤が難しい地区では、高床式住宅を推奨し、補助金制度を設ける。（4）画一した工法の堤防強化ではなく、地区の特性に合わせた工法を採用し、環境を大きく損なわず、経費も安くすむ「ハイブリッド堤防」の実証実験を進める。（5）総合治水の考え方に則り、たとえば五〇ミリ対応のまちづくりまでは行政が責任をもって行い、それ以上の降雨については「道路は冠水し、床下浸水程度の浸水被害が出るが、床上浸水や人的被害が出ないようなまちづくりのハードとソフトの整備を行う」というようなことを、国民に向かって宣言し、治水に対する国民の意識改革を行うなどを推し進めることが必要だ。

以上のような、総合的で、きめ細かい対策をとることによって、治水と環境を両立させることができると考えるのである。


（利根川・江戸川流域ネットワーク代表）

信濃川中流域

JR東日本信濃川発電所と涸れ川公害

◈

田渕直樹

水力発電開発が盛んだった信濃川中流域

信濃川は、全長三六七キロメートルの日本一長い川である。埼玉・山梨・長野県境の甲武信ヶ《こぶしが》岳《たけ》を源流とし、八ヶ岳、浅間山などを源流とする諸河川と合流しつつ佐久盆地、上田盆地を北流する。そして長野盆地で、飛騨山脈を源流とし松本盆地から北流してきた犀川《さいがわ》と合流する。この長野県側では千曲川《ちくまがわ》と呼ばれるが、新潟県に入って信濃川と名前を変えて北流し、十日町《とおかまち》盆地から新潟平野に出て、新潟市で日本海に注ぐ。

この長い川筋のなかで、長野・新潟の県境あたりから、右岸側から中津川《なかつがわ》や清津川《きよつがわ》、魚野川《うおのがわ》などが流入し、東頸城《ひがしくびき》丘陵と魚沼《うおぬま》丘陵にはさまれた十日町盆地周辺地域までが、信濃川の中流域である。

谷川岳を中心とする三国山脈の北側に当たるこの地域は、一九二〇年代から水力発電開発が行われてきた。まず、中津川流域で東京電燈と鈴木商店が出資した信越電力が、中津川第一・第二発電所と穴藤《けっとう》ダムを建設し、関東に売電を始めた。この建設に従事した多数の朝鮮人が虐待を受け、虐殺も行われ「北越の地獄谷」と呼ばれたと新聞記事にもなった（『読売新聞』一九二二年七月二九日）。同時期、清津川流域では東京電燈が水力発電開発を行い、流域変更を行って、魚野川に湯沢発電所などを建設した。

一九三〇年代に入ると、帝国政府鉄道省が信濃川中流域に信濃川発電所の建設に着手し、日本国有鉄道が一九六九年までに千手《せんじゅ》発電所と小千谷《おぢや》発電所、宮中《みやなか》ダムと浅河原《あさがわら》調整池、山本山《やまもとやま》調整池を完成させた。このうち一九四五年八月に完成した浅河原調整池では、朝鮮人や中国人（八路軍）捕虜が使役されたという（鄭承博「裸の捕虜」『農民文学』一九七一年一一月号）。

東京電燈は一九三九年に、長野県飯山《いいやま》市に西大滝《にしおおたき》堰堤と新潟県津南町鹿渡《しかわたり》に信濃川発電所の建設を開始し、東京電力が一九五八年に完成させた。この二つの信濃川発電所は、発生電力量が日本有数である。バブル期の一九八五年、日本国有鉄道は上記鉄道省信濃川発電所の再開発工事に着手し、改組されたＪＲ東日本は一九九〇年六月、小千谷市に新小千谷発電所と新山本山調整池を完成させた。

一方、電源開発は清津川流域に、一九七八年に奥清津発電所とカッサダム・二居《ふたい》ダムを完成させ、一九九六年には奥清津第二発電所を完成させた。

以上のように、信濃川中流域は全国有数のダム・発電所銀座となったのである。

涸れ川公害の発生

こうして中流域の信濃川本流には、東京電力とＪＲ東日本がそれぞれ信濃川発電所を所有し、西大滝堰堤では、平均流量二二五立方メートル／秒のうちの七六パーセントにあたる一七一立方メートル／秒を取水し、東電信濃川発電所に送水して発電し、〇・三立方メートル／秒の河川維持用水を信濃川本流に戻していた。また宮中ダムでは、平均流量二五〇立方メートル／秒のうち最高で三一七立方メートル／秒を取水し、ＪＲ東日本千手発電所と小千谷発電所に送水して発電し、七立方メートル／秒の河川維持用水を信濃川本流に戻していた。

こうして長野県飯山市西大滝から津南町鹿渡までの約二九キロメートル、十日町宮中から川口町までの約三八キロメートル、計約六七キロメートルの信濃川本流では、川幅が数百メートルもあるのにチョロチョロとしか水が流れない、涸れた状況が続いたのである。

そのため、夏場では表流水の水温が三〇度くらいまで上昇して、水棲生物の棲息が不可能に環境になってしまった。またダムや堰堤が鮎や鮭などの遡上を妨げた。さらに、表流水の減少が地下水位を低下させ、水道料金を高騰させている。

これでは信濃川に生物がほとんど棲息できないばかりでなく、生物の食物連鎖による水質浄化も進まず、長野市周辺の都市部で汚濁された信濃川の水が浄化されることなく、新潟県まで流下することになる。

写真１　涸れ川となった信濃川・宮中ダム下流

このように河川環境を破壊しているにもかかわらず、二つの信濃川発電所、とくにＪＲ東日本の信濃川発電所によって恩恵を受けているのは、約一八〇キロメートルも離れた首都圏の企業であり、その顧客である。はたして首都圏のどれだけの人びとがこの事実を知っているのだろうか。

信濃川をよみがえらせる会と十日町市役所の活動

ダム・発電所による信濃川の涸れ川公害を自覚した十日町市の市民は、一九八二年に「信濃川を蘇らせる会」を、一九八七年に「信濃川の水資源を守る市民会議」を設立し、ＪＲ東日本の再開発事業に同意した諸里市長と対立しながらも、市民を啓発するなどの活動を展開した。そして一九九三年に本田市長が就任してからは、両市民団体が「信濃川をよみがえらせる会」に合同した。

その一方、一九九五年三月、「信濃川水系環境管理計画」が出され、九七年には河川法が改正されると、信濃川をよみがえらせる会と十日町市役所が協力して信濃川の涸れ川公害に取り組むようになる。

一九九八年秋には「信濃川に水を取り戻す署名」を四万三三五四筆集め、一一月一五日には「信濃川に水を取り戻す郡市決起大会」を、一二月四日には「信濃川に水を取り戻す中央行動」を東京で開催した。

その結果、国・県・市行政と専門家が涸れ川公害を審議する「信濃川中流域水環境改善検討協議会」が一九九九年一月一三日に設立され、二〇一〇年二月二六日まで計二〇回もの検討協議会が開かれた。ＪＲ東日本と東京電力もオブザーヴァーとして参加し、試験的に放流量を最高二二立方メートル／秒に引き上げることなどを実現した。

ＪＲ東日本の違法取水と水利権取り消し・再取得

発端は、二〇〇六年一〇月、中国電力俣野川《またのがわ》発電所土用《どよう》ダムでのデータ改竄が明るみになったことだった。それを皮切りに全国で発電事業者の違法行為が発覚した。

これを受け国土交通省は二〇〇七年一月と二〇〇八年三月の二回、ＪＲ東日本に信濃川発電所での取水量が決められたとおりであるか点検を要請し、ＪＲ東日本は適正であると虚偽報告した。

しかし、二〇〇八年七月、十日町市役所は国交省北陸地方整備局に、宮中ダム取水データの情報開示を請求し、北陸地方整備局が精査したところ、ＪＲ東日本の報告が虚偽で、一〇年間で一・八億立方メートルもの発電用水を余分に取り、維持用水を三八万立方メートルも少なく放流していたことが発覚した。

北陸地方整備局は二〇〇九年三月、ＪＲ東日本信濃川発電所の水利権を取り消した。同広域水管理官はその理由を、ＪＲ東日本の①膨大な違法取水量、②二度にわたる虚偽回答、③検討協議会を騙したこと、としている。

その後、十日町市長をはじめとする地元諸団体の粘り強い交渉で、ＪＲ東日本は違法取水だけでなく、合法的な取水でも信濃川の河川環境を破壊してきたことを認めた。さらに、関係河川使用者の十日町市長は関係諸団体だけでなく、有意の市民個々人から意見を聴取する機会を確保した。このような努力の後、二〇一〇年六月に北陸地方整備局はＪＲ東日本水利権の新規取得を許

写真２　水が戻った信濃川・宮中ダム下流

可した。

取水と環境保護を両立できるか

一般的に、ダム取水による涸れ川公害の解決策としては、河川維持用水が放流される事例が多い。この方法だと、平均流量二五〇立方メートル／秒の宮中ダムのように、七立方メートル／秒を一年中放流する場合、流入量が取水量三一七立方メートル／秒を超えなければ、涸れた信濃川には七立方メートル／秒の河川維持用水しか流れない。

しかし、川の流量は本来、天候に左右され、一日の内でも変動する。そこで一定量の河川維持用水を放流するのではなく、ダムへの流入量に応じて一定率の河川維持用水を放流するやり方が考えられる。これは表流水の自然状態に相似した河川維持用水であり、発電と川の生態系を共存させ、発電所のある川で魚介類の遡上を可能にする方策といえよう。ＪＲ東日本の水利権新規取得後、宮中ダムではこの方法が試験的に行われている。

首都圏のライフラインは、電力は福島や新潟の原発に、飲み水は北関東のダムに、山手線の電力は信濃川中流域に、石油やガスは海外に……と外部に依存している。首都圏は「危険、汚い、きつい」ものを地方に押しつけ、独り繁栄を謳歌している。近代日本が推し進めてきた工業化や中央集権化が、今問い直されているように思えてならない。

（水郷水都全国会議全国委員）

吉野川

第十堰保全運動と川の学校

◆

田渕直樹

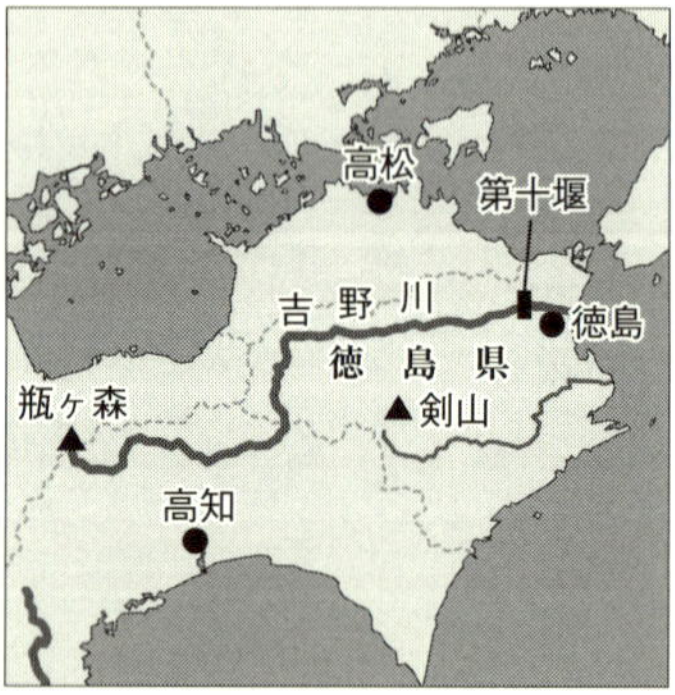

吉野川第十堰と可動堰計画

吉野川は高知県・愛媛県境の瓶ヶ森《かめがもり》（一八九六メートル）南麓を発して高知県嶺北地方を東流し、大豊町《おおとよちょう》から北流して四国山地を横断する。徳島県三好市池田から中央構造線を東流し、紀伊水道に注ぐ。全長一九四キロメートルの大河で、古来から板東太郎の利根川、筑紫次郎の筑後川と並んで、「四国三郎」と呼ばれてきた。

その吉野川河口から一四キロメートル地点に、第十堰《だいじゅうせき》がある。これは江戸時代の一七五二年に、農民が徳島特産の青石を積み上げて建造した幅七五〇メートル、高さ四メートルの固定堰で、吉野川を別宮川《べつくがわ》に流路変更する際、潮水の遡上を阻止し、旧吉野川流域に農業用水・上水を送水するためのものである。

堰の上流は、アユやフナ、コイ、バスなどが釣れ、透過構造になっているため、その下流は汽水域になり、青海苔やシジミ、スズキなどが獲れる。堰の周辺にはその魚を狙った野鳥や昆虫と植物の宝庫になっている。また北には大麻山《おおあさやま》が、南東にはさだまさしの小説で有名な眉山《びざん》が望めるため、第十堰は徳島のランドマークの一つとなっている。

一方、吉野川流域は古くから水害に悩まされ、流域の古民家には水屋や軒下に和船を備えたものもある。戦後も破堤し、一九八三年七月に徳島県議会は第十堰改築を決議し、可動堰の建設を決定した。現在の堰を撤去して、一キロメートル下流に鉄とコンクリートで長さ七二〇メートル、高さ二五メートルの可動堰を造ろうというのである。

住民投票で白紙撤回へ

豊かな生態系を維持してきた第十堰を取り壊し、莫大な税金を費やして百年も保たない産業廃棄物が残され、吉野川は死んでしまう——この計画に疑問を持った市民有志が、第十堰の保全運動に着手した。

一九九二年、司法書士の姫野雅義は吉野川可動堰計画を知り、翌九三年九月五日に「吉野川自然と第十堰を考える」を開催。その後「吉野川シンポジウム実行委員会」を結成して、イヴェントやシンポジウムを年数回も開催し、一般市民に吉野川第十堰問題をアピールした。さらに、一九九五年七月一六日には「ダム・堰にみんなの意見を反映させる会」を結成した。

写真1　吉野川第十堰

一方、建設省（当時）は同年九月八日に第十堰審議委員会を設置して可動堰計画を進めた。そして一九九八年七月一三日に「建設妥当」の答申を出した。

この間、メディアが実施した世論調査では反対が多数を占めた。しかし、行政は建設を推進し、議会は建設促進の意見書を採択すると同時に建設反対の意見書を否決した。こうして市民と行政・議会の対立がはっきりしてくる。

一九九八年九月二〇日、市民側は「住民投票の会」を結成して、可動堰の可否を住民投票で決めようという署名活動を展開する。

署名は必要人数を超え、一九九九年二月には徳島市議会に提案されたが、否決されてしまう。しかし、一九九九年四月に実施された徳島市議会議員選挙では、「住民投票の会」の会員が多数出馬して当選し、反対派が市議会の多数となり、六月二一日、同条例が可決された。そして、二〇〇〇年一月二三日に実施された住民投票では、可動堰建設に対する反対派が圧倒的な勝利を収めた。

こうして二〇〇〇年八月、吉野川可動堰は白紙化され、二〇〇一年一月に再選された小池正勝徳島市長は可動堰反対に転じたのである。

市民の草の根運動

吉野川可動堰白紙化を実現した市民運動には、次のような特徴があった。

写真2　第十堰で獲物を狙う白鷺（撮影：井内啓二）

第一に、第十堰保全の市民運動の担い手は、野鳥の会などの自然保護団体、吉野川シンポジウムなどの市民団体、吉野川の未来を考える建築設計者の会などの専門家の会、コープ自然派という生活協同組合、住民投票の会などの政治団体、川の学校など子どもたちの環境教育に携わる会など、じつに多彩である。これらのメンバーは徳島市内外に住み、第十堰の保全を目的として自発的に次々と市民団体を結成した。こうした団体が横断的に協力しあうことによって、運動が強固になっていったのである。一方、可動堰を推進する市民団体も結成されたが、これは行政や業界のOB、消防団員、土地改良区などから構成され、政官業の鉄の三角形から外に広がるものではなかった。

第二に、反対派市民運動の参加者の年齢が若い点も特徴である。それを可能にした大きな要因は、住民投票後に吉野川シンポジウムが始めた「川の学校」である。全国から小中学校生が生徒として、大学生などの若者がスタッフとして集まり、二泊三日のキャンプを年五回実施する。川に触れたことさえなかった子どもたちも、卒業する頃には釣りやカヌーの名人となり、川の恵みと恐ろしさを身体に染み込ませる。この学校は二〇〇一年から始まり、今年も生徒が卒業していく。

スタッフのなかには「川の学校」がきっかけとなって徳島に移住した人もおり、この世代の人びとが吉野川の保全に取り組んでいる。水の運動は一〇年、二〇年とかかり、会員の高齢化と引退が避けられない。そこで川で遊ぶ習慣を次の世代に伝え、結果的に担い手の養成に繋がったといえよう。

第三に、住民投票まで、吉野川シンポジウムはイヴェントとシンポジウムを繰り返したこともあげられる。釣りやカヌーのイヴェントもあり、一般市民の参加を容易にした。また県外のタレントは地元住民が知らない吉野川の魅力を語り、専門家は運動に科学的な信頼性を付与した。彼らは国土交通省に吉野川第十堰審議委員会を設立させると同時に、無関心な人びとの啓発に努力を傾注したのである。同時期、推進派の「吉野川文化研究会」なども、可動堰推進のシンポジウムやイヴェントを開催した。あたかも両派によるイヴェント合戦の様相を呈していた、といえよう。

第四に、住民投票の成功がある。可動堰建設推進派の首長や議員は、自分たちこそ選挙の洗礼を受けたのであるから、民意は推進であると主張した。しかし新聞社やテレビ局の四回にわたる世論調査は反対派が優勢であった。そこで市民グループは、住民投票を実施して、推進派・反対派・無関心派を含めた徳島市民の「民意」は反対であることを実証した。政官業の鉄の三角形が上から創った「民意」を打破したこと、そこにこの運動の意義がある。

第五に、吉野川みんなの会は徳島市からも資金支援を得て、二〇〇四年に「ビジョン二一報告書」を作成し、単なる反対ではない具体的改善策を提案した。その内容は次のようなものである。第十堰現存の根浮き・破損・空洞化箇所を補修し、上堰下流部・下堰の一部を青石で改修し第十堰の歴史的景観を復元させる。また現存の魚道は小さな魚類が遡上できるまで改良し、さらに下堰右岸・上堰にも魚道の新設をする。その結果、第十堰の治水・利水・自然環境・歴史的景観が担保されるのである。

第六に、彼ら第十堰グループは政治を変えようと選挙に打って出た。一九九九年の徳島市議選、

写真3　「川の学校」（提供：川の学校）

二〇〇〇年の住民投票以降、二〇〇二年の知事選、二〇〇三年の県議選で同グループは勝利を収め、市民運動は絶頂期に達した。

今後のゆくえ

さて、その後の選挙をみると、二〇〇二年三月四日、圓藤知事が汚職事件で逮捕された後、反対派の大田正が同年四月の知事選に当選し、空港整備計画や汚職調査団などに奮闘したが、二〇〇三年三月二〇日県議会で不信任されてしまう。

二〇〇三年四月の県議選では可動堰反対派が躍進したが、五月の知事選で大田は落選した。その後、二〇〇四年の徳島市長選、二〇〇五年の総選挙、二〇〇七年の県議選、二〇一〇年の参議院選、二〇一一年の県議選で、同グループの敗北が続いている。

国交省は二〇〇五年一一月「吉野川水系河川整備方針」を策定し、「流域住民の意見を聞く会」を開催して、二〇〇九年には吉野川水系河川整備計画を策定した。そして二〇一〇年三月、前原国交大臣が吉野川可動堰建設中止を表明した。しかし、吉野川水系河川整備計画に第十堰保全が明記されていない以上、八ッ場ダムの動きを見れば、可動堰復活のおそれも否定できない。

（水郷水都全国会議全国委員）

那賀川

ダム建設阻止条例とダムなしの豊かさ

藤田 恵

徳島県那賀郡木頭村と細川内ダム

四国は徳島県南部の山間、那賀《なか》郡木頭村《きとうそん》（現・那賀町木頭）に源を発し、東流して阿南《あなん》市で紀伊水道に流れる那賀川は、四国一の清流といわれたこともある一級河川である。

一九七〇年代のはじめ、木頭村内の那賀川に細川内《ほそごうち》ダムの建設計画が持ち上がった。同ダムは、田中角栄内閣時代の一九七二年に調査が始まり、木頭村の中央部の那賀川へ、堤長一〇五・五メートル、堤頂高三五四メートル、総貯水量約六八〇〇万トンという、四国第三の巨大ダムを二〇〇八年までに事業費一一〇〇億円で建設する計画であった。

地元の木頭村では当初から村民の大多数が反対してきた。特に一九九三年に私が細川内ダム中止を公約に村長に当選して以降は、「故郷の緑と清流を守る環境基本条例」と「ダム建設阻止条例」を制定して、抵抗の姿勢を強めた。

建設省（現・国土交通省）や徳島県は木頭村への補助金等の大幅削減や公共事業費の締め付け、木頭村が「ダムに頼らない村づくり」の一環として一九九六年に設立した第三セクター「(株)きとうむら」への助成金を遅らせるなど、あらゆる攻撃を受け、村民は大きな犠牲を払った。

しかし、水源開発問題全国連絡会を中心に支援は全国的に拡大し、ついに国の巨大ダムとしては行政史上初めて二〇〇〇年一一月に完全中止を勝ち取ったのである。

「ダムに頼らない村づくり」の一環「(株)きとうむら」

「木頭特産の柚子から作った、柚子果汁、柚子粉、柚子ジャム、柚子マーマレード等が二〇〇六年から、アメリカ、フランス、ドイツ、スイスの五つ星ホテルと取引を始めてとても好評。来週は、イタリアから直接来社の業者と商談後、決まればイタリア、イギリスへ輸出開始する予定」と、自信に満ちた表情でにこやかに話すのは、海外での活動歴も長く語学や取引にも堪能な「(株)きとうむら」の担当者だ。

「(株)きとうむらは」、今は村民や全国の支援者がほとんどの株式を持ってくれている。当時、国や県はこの会社への助成金を遅らせる、「山の湧水」の取水の妨害等あらゆる攻撃を続け、この会社の役員でもあった村の助役が自殺するといった大きな犠牲を払ってきたのである。

このように、当初は経営が苦境にあった「(株)きとうむら」も全国各地から約五〇〇〇万円の応援資金が寄せられるなど支援は全国的に拡

写真1　木頭を流れる那賀川の清流（提供：㈱きとうむら）

大し、ここ数年は単年度では黒字に転じ、売上も二〇一一年度は約一億五〇〇〇万円となった。賃金や販売利益として村民に約八〇〇〇万円が還元され、全国初の「ダムに頼らない村づくり」の成功例として、最近はテレビをはじめマスコミのドキュメンタリードラマでも紹介されるなど、ダム中止の先駆けとして大きな注目を集めている。

「(株)きとうむら」が何とか成功した大きな要因は、昔から村にある「木頭柚子」と「山の湧水」を大きく売り出していることである。

柚子製品は、全国各地の農協、大手食品メーカーなどから多品種が売られているが、「(株)きとうむら」のメインの無農薬の「木頭柚子しぼり」は、一〇〇年前後の古木の柚子の実を手でしぼっている。機械でしぼる場合の数十倍の時間がかかるが、味と香りの良さは絶対に他では真似ができない逸品である。そんな品質にこだわった「木頭柚子しぼり」は、一般のご家庭だけでなく、レストランや料亭などの料理人からも高い評価を受けている。その味と香りは和食だけでなく、フレンチやイタリアンなど幅広く使われとても好評である。

一方、「山の湧水」は取水方法からパッケージまで、環境とライフサイクルを考慮した、おいしい水である。賞味期限が五年で、自治体公認の災害時の保存水としても採用されている。

瞬間降雨量日本一、日本記録の一日の降雨量一〇一四ミリ、年間降雨量四国一（屋久島について日本二位）の記録を持つ徳島県那賀川の最上流、木頭。この村の宝物は、なんといってもダムから護った美しい自然と清らかに流れる水である。

写真2　店舗「よいしょきとうむら」（提供：㈱きとうむら）

この宝物を多くの人に伝えたいと思い、山から湧き出る天然水をパッケージしたのが「木頭村・山の湧水」である。「(株)きとうむら」では、生態系に影響の少ない場所の湧水を、ポンプを使うことなく自然取水し、パックしている。またパッケージも、ビンやペットボトルにくらべ環境負荷の少ない新素材ケイ素セラミック蒸着紙パックを用いている。

その他にも「(株)きとうむら」は地域通貨〝ゆーず〟、外国人研修生の受け入れなど、地域と一体となり、国際的視野で幅広いプロジェクトに取り組んでいる。

地域通貨〝ゆーず〟は二〇〇二年の初発行以来、地域のみなさんから安定した信頼を得て、一〇年目を迎えている。〝ゆーず〟も他の地域通貨とほとんど同じであるが、「(株)きとうむら」の地域通貨は独自の性格として、「(株)きとうむら」で柚子農家から柚子を買い取る時に柚子の購入対価の一部として〝ゆーず〟を発行し、地域通貨循環の中に供給し、また回収、発行と、流通させている部分が他の地域通貨と少し違うところである。

ダムから護った清流と渓谷美

細川内ダムの中止で清流が残された木頭を流れる那賀川上流には、源流にかけ数十キロ流れる本流に大きな支流が二〇ほどあり、春はアメゴ(ヤマメ)、夏はアユの名所になっている。特に源流部の高の瀬峡の尺アメゴは、尺どころか四〇センチ以上の在来種で、マル秘の釣り場がまだ残されていることはあまり知られていないのである。

高の瀬峡は切り立った岩に五葉松、ケヤキ、モミ、ツガの老木などの渓谷美が二〇キロほど続いて、四国第二の霊峰・剣山への表玄関ともいうべき景観の連続である。対岸もブナやカエデなどの原生林で覆われ、かつて徳島県の観光百選の第一位にも選ばれたこともあり、毎年一一月の紅葉の季節には、県内外からの数万人の観光客が手つかずの大自然を味わっている。

川原湯温泉、吾妻渓谷を観光資源として

私は、長年にわたり八ッ場ダムに反対を貫いていた長野原町の多くの人たちと同じように、大多数の反対派の木頭村(現那賀町)民の意思として、日本の行政史上はじめて建設省(当時)の巨大ダム・細川内ダム計画を二〇〇〇年に中止に追い込んだ経験から、このダム計画も他人事とは思えない。

「ダム事業の廃止等に伴う特定地域の振興に関する特別措置法」が二〇一二年三月一三日に閣議決定されたが、国と県が示している八ッ場ダム完成後のダム湖を観光資源とする地域振興策はまったくの絵空事である。ダム湖周辺では渇水期には乾燥した土砂の粉塵が飛び、満水時にも恒常的な濁水、浮遊性藻類の発生による水質の悪化と悪臭など、全国の既設ダムの惨状を見るまでもなく、ダム湖が観光地になることはあり得ないのである。私も何回か長野原町を訪れているが、全国各地が喉から手の出るほど欲しくてうらやましい財産である吾妻渓谷と、名湯として全国的に名高い川原湯《かわらゆ》温泉を護ることが最良だと確信している。

写真3　柚子採り（提供：㈱きとうむら）

川原湯温泉、吾妻渓谷などの恵まれた自然を観光資源として、着実に地域を再生するためにも、八ッ場ダムは中止以外にあり得ない。

市民の横断的な連帯組織を

ダム問題の根本的解決へ向けて私は、多様な政治主張を切り捨てる小選挙区制を廃して中選挙区制に戻すことや、土木工学や河川工学等の学閥・官僚との癒着を解体することを主張したいが、もう一つ重要なことは、市民の横断的な連帯組織による対抗が必要なことである。

不要なダムなどを造り続ける国交省をはじめとする国や県の人材と金は無尽蔵に近い。反面、これらに対抗して全国各地で闘っている市民側は、全員が無報酬で人材も金も不足し、横断的連帯組織もないに等しいのが現状である。これでは、いくら個人的に活動しても限界があり、勝てないのが道理である。

そこでたとえば、ＷＷＦ（世界自然保護基金）の日本版のような組織を確立し、国や県の官僚に対抗できる優秀な人材と活動資金の確保が必要である。

本来の人間社会は川を壊すことなく、河口から源流まで、その地域地域で魚をはじめとして豊かな自然の恵みを得て生活していたのである。それが、今はどうだろうか。日本の川は大小を問わず河口から源流まで何重にもダムで埋め尽くされて、破壊は進む一方だ。このダムは人間の生活環境も心も破壊し続けている現状は今さら言うまでもない。全国各地でダムに反対して立ち上がっているグループは一〇〇以上あると思われる。お互いに情報の交換、連帯と交流を密にして、河川官僚から川を取り戻そうではないか。

（元木頭村村長）

川辺川

ダム計画白紙撤回へ

中島　康

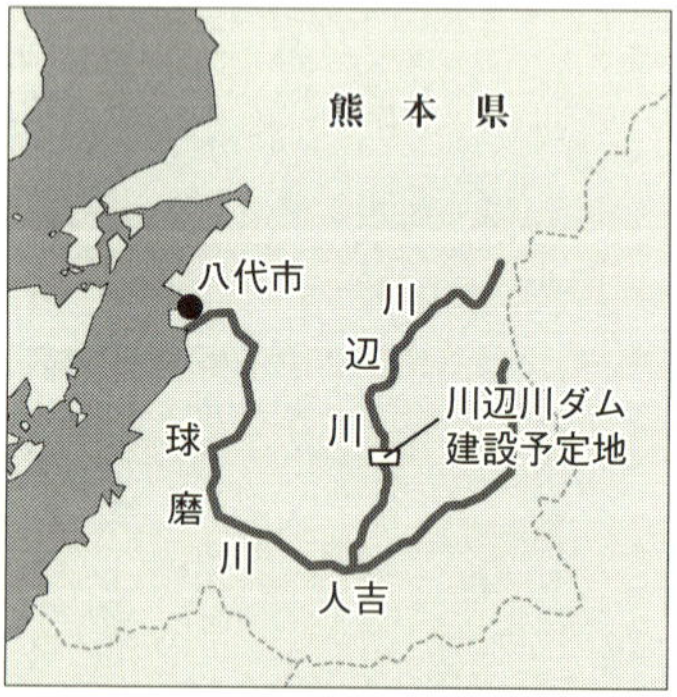

球磨川と川辺川

九州の真ん中を南西から北東に連なる九州脊梁《せきりょう》山地。その南側の一連の大きな嶺が分水嶺となって、西側に川辺川《かわべがわ》、東側に球磨川《くまがわ》がともに南方へ下っていく。そして人吉《ひとよし》盆地に出たところで合流し、球磨川となる。

本流球磨川は、熊本・宮崎県境の市房山《いちふさやま》の西斜面からこれに連なる銚子笠岳《ちょうしがさたけ》の中腹に源を発し、秘境五家庄《ごかのしょう》の東面の山々の各川を集めて流れ下り、球磨盆地でさらに支流を集める。人吉盆地を過ぎてからは、芦北《あしきた》の山間の狭窄部を通り、流れを北に変え、八代《やつしろ》平野の下流で前川と南川に分流して八代海に流れ出る。清流と急流で知られる川である。

川辺川は、九州脊梁山地の主峰国見岳《くにみだけ》の中腹に源を発し、五家庄と五木《いつき》の山々から集水し、五木村から相良《さがら》村へ南流し、人吉市の手前「柳瀬《やなせ》」で本流球磨川に合流する。球磨川水系最大の支流で、水質・水量ともに合流前の球磨川をしのぎ、こちらこそ本流と呼ばれるべき川である。この球磨川水系流域には、宮崎県境から八代海まで二市五町四カ村がある。

川辺川ダム計画と五木村

建設省（当時）が、この川辺川のダム建設計画を公表したのは一九六六年のことであった。きっかけは一九六三年から六五年まで三年連続で人吉・球磨地方をおそった大水害。とくに、一九六五年の七・三水害と呼ばれる洪水は人吉地方に甚大な被害を及ぼした。この時の水量がその後の球磨川水系の治水基準となり、ダムを中心とした河川整備計画が進められた。

このダム計画によると、川辺川上流の五木村の中心地「頭地《とうじ》」は役場も商店街もすべて水没することになり、村では村長を先頭に反対の立場を鮮明に打ち出した。これに対し建設省は、以前から五木村の南方に展開する「高原《たかんばる》台地」の水田化を計画していた熊本県の意向を受けて、川辺川の治水目的に、高原台地の水出化を含めた川辺川下流域の農業用水の確保という利水目的を加えた。下流市町村の農家をダム計画に巻き込むことで、水没地の五木村、相良村のダム反対住民を孤立させる構図をつくったのである。まさに利水は「はじめにダムありき」だったといえる。しかしその後、強力な助っ人になるはずだった

写真1　川辺川の清流

この利水事業が、川辺川ダム建設をストップさせる世論をつくるきっかけになるとは、歴史のおもしろさというほかはない。

当初は、「下流の生命財産を守る」治水目的に加え、「下流域の農業振興」という利水目的が加えられたことは、ダム建設に大義名分をあたえたことになり、五木村、相良村のダム反対運動に圧力をかけることとなった。五木村では村長を先頭にダム反対を打ち出したものの、国および県の大きな圧力の前には一年ともたず、村長の交代を機に、ダム受け入れを前提とした条件付き容認に変わっていった。

しかし、そうした中、一九七六年に水没地権者の一部のグループが川辺川ダム建設基本計画の取り消しを求める裁判を起こした。だが、熊本地裁は一九八〇年に原告側の求めを却下する判決を下した。地権者は上告したものの、一九八四年に訴訟を取り下げ、水没地五木でのダム建設反対運動は終息したのである。同年、農林水産省はダム利水を前提とした国営川辺川総合土地改良事業計画を発表した。川辺川ダム計画はこれで完成に向け邁進することになった……はずだった。

問題を内在した利水の構図

川辺川ダム利水計画は、当初から計画に無理があった。この計画によると、相良村は以前から農業用水として利用していた豊かな川辺川の水を、球磨川上流地域に配ることになる。もともと現状で水は充分足りている相良村の農家は、望まないにもかかわらず加入させられ、加入すれば新たに高い水代金を支払わされ、不必要な負担を押しつけられることになる。

おなじようなことは大なり小なり他の市町村でも起こることで、事業の実施段階では事業から抜けることを認める裏約束をしてまで、当初計画の同意を取らざるを得ない状況があったのである。ダム利水は国営事業であるため、法律上、対象農地は三〇〇〇ヘクタール以上を確保する必要があった。そのため水を必要としない農家まで事業に参加させなくてはならなかったのである。

スタート時から多くの問題をかかえ、それに加え農業を取り巻く諸状況が変化するなか、一九九三年に農水省は当初計画の変更の説明会を開いて、対象面積を減らさざるを得なくなったものの、三〇〇〇ヘクタールは確保しなければならず、依然、参加をいやがる農家に対し、「水代はタダにするから印だけでも押してくれ」と言って同意をとってまわったのである。

当然、この問題に疑問を感じる農家が現われる。一九九三年に「川辺川利水を考える会」が発足し、この問題の調査を開始している。多目的ダム計画はその内部から揺れが始まったのである。

利水裁判とダム反対の市民運動

一九八四年に告示された川辺川総合土地改良事業計画は、対象農地面積が三五九〇ヘクタールであった。対象農家数の必要とされる三分の二を大幅に超える九七パーセント以上の農家の同意を得たとしてスタートしたものの、その後の社会状況の変化で対象農地を三〇一〇ヘクタールに縮小した計画変更を一九九四年に出さざるを得なくなった。

しかし、実際には、水を必要としない農家が想像以上に増えており、同意撤回の要求が増加していた。にもかかわらず農水省は、変更計画の同意が三分の二以上あったとして、この変更計画を決定してしまった。多くの農家が農水大臣に異議申し立てを行ったが、大臣はこれを聞かずに却下および棄却してしまった。

これに対し、八六六人の農民が棄却処分の取り消しを求めて裁判を起こした。これが川辺川利水裁判といわれるものである。

二〇〇〇年に熊本地裁は、対象農家三九〇四人中二九三二人の同意があったとして（同意率七五・一パーセント）、原告である農民側敗訴を言い渡した。しかし、この時に同意確認調査をしたのは二〇〇〇人弱で、三分の二を証明することはできないとして、農民側はすぐに控訴した。福岡高裁は二〇〇三年に、残りの約二〇〇〇人の調査結果を重視し、原告逆転勝訴の判決を下した。変更計画は違法として取り消され、国営川辺川利水事業と川辺川ダム計画は中止に向けて大きく動きはじめたのである。

流域の市民運動の起こり

相良村などの農民に対する農水省側の圧力はすごく、事業計画に異を唱える者やその家族で職を失った者は多い。農民たちは今までの経過から「情報なくして、同意なし」という考えにもとづき、単純に「利水反対はダム反対」という考えは払拭されていた。

このような中、相良村、人吉市から、この利水問題に注意を向ける市民団体が現われ、農民と接触をもちはじめた。そして、利水計画の不合理さにふれ、ダム計画の問題点を強く指摘するようになったのである。市民運動の当面の活動は、農民への支援と川辺川ダムと利水問題を広く世間に知らせることにあった。五木村におけるダム反対運動が終息して一〇年後の一九九三年、人吉市内に、川辺川ダム反対の運動体が設立された。それに続いて一九九六年までに、人吉市にはじまり、八代市、熊本市、福岡市などに次々とダム反対の団体が設立された。

これらの運動体の勢力は利水裁判上告審での未調査二〇〇〇人の利水変更計画への同意の確認作業に集中した。短期間に二〇〇〇人の確認をとるために、多数の市民が原告農民と協同で各農家を訪問し、押印の確認にまわったことはダム反対運動の圧巻のひとつであった。

ダムによらない利水・治水へ

二〇〇〇年、国土交通大臣は土地収用法にもとづく川辺川ダム建設の「事業認定」を行い、強制収用裁決申請をちらつかせる脅しをかけてきた。そしてダム本体着工の最後の切り札となる漁業権の補償交渉を球磨川漁業協同組合に申し入れてきた。

これに対して漁協内の球磨川を守りたい組合員とそれを支援する市民団体の運動は、川辺川ダム反対運動の第二の圧巻といえる。二〇〇一年、漁協の総代会と総会の二度にわたって漁業権の補償案を否決し、戸板一枚で大波を防ぐようにダム本体着工を阻止していたのである。

また人吉市のダム反対の市民運動は、市内でタブーとされていたダム反対発言を自由に論じられる雰囲気をつくった。後のダム反対気運の盛り上がりをみるとき、その功績は大きなものがある。

漁協が漁業権の補償交渉を拒否した同じ年の一二月、市民たちの治水勉強会「川辺川研究会」は「ダムはなくとも球磨川の治水は可能」とするパンフレットを発行し、ダムに代わる治水案を発表した。これが大きな反響を呼んだ。すばやく反応したのが潮谷義子熊本県知事で、「国交省はダム建設の大義についての説明義務を果たしていない」との発言は、その後の九回におよぶ住民討論集会を行うきっかけとなった。この集会は住民と国交省が対等に意見を交換する画期的なもので、新しい時代の幕開けを象徴する出来事であった。

強制収用をめぐる攻防

二〇〇一年はダム問題の攻守入り乱れての乱戦の始まりの年といえる。この年、国交省は住民討論集会を開催しながら、同時に球磨川の漁業権の強制収用裁決申請を熊本県収用委員会に提出した。なりふりかまわない国交省であった。

先にふれた二〇〇三年の利水裁判の勝訴後は、新利水計画策定が運動全体の鍵を握ることとなった。新利水計画策定が収用裁決の大きな要素となったからである。川辺川利水原告団と弁護団が参加しての新利水計画策定の作業をする事前協議会は、住民と行政が一堂に会して対等な立場で利水計画を策定するもので、これもまた利水において新しい流れが始まったのである。

二〇〇三年、収用委員会は利水事業計画の策定が多目的ダム建設を進める上で必要であるとして、事前協議会の行方を見守るため審理を中断した。しかし、新利水計画はいろいろな思惑がからみあって策定するに到らず、ついに二〇〇五年、収用委員会は国交省に川辺川ダムにかかわる収用裁決申請をすべて取り下げるよう勧告し、もしこれに従わなかった場合は申請を却下すると申し渡したのである。

この勧告の一七日後、国交省は川辺川にかかわるすべての強制収用裁決申請を取り下げた。これにともない「事業認定」も失効し、ダム建設計画の再変更をせざるを得なくなった。またダム計画が不透明となったため、二〇〇六年、七八回をもって新利水計画策定のための事前協議会も解体せざるを得なかった。

利水および漁業権の問題は、以上のように裁判と審議会や事前協議会の会場でたたかわれてきたが、それと並行して治水については、二〇〇一年一二月から二〇〇三年一二月まで、計九回、参加人員延べ一万一六〇〇人以上の人びとが会場に参集して住民討論集会が行われた。この集会は住民側と国交省側が対等な立場で公開討論をするもので、住民側にとっては資金面、人材面できわめて苦しいものであったが、そこから得たものは大きかった。

まず、基本高水流量をもとに語られる治水策の安全度は限定されたものであり、かつ科学的にたいして信用できないものであることがわかった。さらに、国交省の治水策が現実的でないこと、費用対効果の計算が起業者側の都合の良いデータしか用いていないこと、そしてダムに依らない治水が可能であることがわかったのである。国交省のいう治水理論が科学的理論にもとづいていないことも知った住民側は、後にダムに依らない市民の考える治水策を発表することになったのである。言い換えれば、国交省の治水理論よりも、川沿いに住む一般市民の知識の方がはるかにすぐれていることを知ったのであった。

流域の人びと

二〇〇八年、人吉市で開催されたダム反対集会には一三五〇人の市民が集まり、ダム反対の流れが世論であることを明らかにした。球磨郡の各町長、村長たちは、町村内にダム反対意見が多いことを蒲島郁夫熊本県知事に訴えた。そして相良村長、人吉市長のダム反対表明は、二〇〇八年、熊本県議会での知事の川辺川ダム計画白紙撤回表明を引き出した。

川辺川ダム計画発表から四三年が経過していたが、この瞬間、住民の意思が行政を変えた歴史的瞬間であった。運動がここまで到達できたのは、この球磨川、川辺川流域住民が川辺川ダム問題を自分の問題として受け止め、これを県民が認めていたためである。それほど球磨川流域においては、川とつながり、川とともに創り出した歴史と文化をもち、川に対する愛着をもっていたからにほかならない。

写真2　撤去工事前の荒瀬ダム

球磨川を八代から上流にむかって歩く。撤去されることになった荒瀬ダムの全開放後、上流には、ダム湖になったため名前だけ残っていたいくつかの瀬が再び現われた。ゲート開放直後は白っ茶けていた川原が、一年あまりで美しい川原になった。川の自然治癒力に驚かされる。そしてところどころに、かつて人の住んでいた形跡が現われた。

この住居址を見て驚かされるのは、かつての住居が川面にとても近いことである。川面から三～五メートルぐらいの場所に住んでいたのだ。昔、川近くに住んでいた人に聞くと、今ではとうてい信用できないような話を聞くことができる。それは、大水と水害を確実に区別していることで、大水は年中行事のようなもの、水害は死人が出たり家財が被害を受けること、それ以外、家が水で浸るのは年一回の大掃除ぐらいに受け止めているのである。大水の後は、きれいな砂を箒で掃き出すことですんだという。

ここに治水のポイントがあると、私は思う。国が進めている現在の治水原則は、川を河道の中に押し込め、一滴も水を外に出さず、河道から出たら水害だと、国民の頭にたたき込んだ。またこれに慣れた人びとは、わずかでも水が出てくると、行政の責任だと大騒ぎするようになってしまった。私たちは、もっと川の自由度をまして、川と共生することを考えるべきではないか。最後に球磨川水害体験者の言葉をあげておこう。

「上流にダムがなかなら堤防はいらんとです」

（子守唄の里・五木を育む清流川辺川を守る県民の会代表）

砂防ダム

土砂災害防止に有効なのか

田口康夫

砂防の現状

流域の生態系は、川を通して水、生き物、有機物などが源頭部から海までの間で循環し、土砂移動も絶えず続くことで成り立っている。川を通して起きているこれらの循環に最も大きな悪影響を与えているものが、砂防ダムや貯水ダムである。

長年造られ続けてきた砂防・治山ダムなどが渓流の景観、生態系や財政をも蝕んでおり、取り返しのつかないところまで来つつある。ここでは砂防の現状と問題点を理解し、源頭部から海岸までを視野に入れた視点で考えていく。

砂防事業は、明治時代から現在にかけて百数十年間、膨大な時間と予算を注ぎ込んできた。ここ数十年でも毎年三〇〇〇〜七〇〇〇億円前後が投入されている。今まで全国でつくられた砂防ダムの総基数は九万三〇九基、流路工（ほぼ三面張り工区）約八七九二キロメートル（二〇〇八年『砂防便覧』より、治山ダムは含まず）。この数字だけ見ても、川の連続性を奪い、川環境破壊の最も大きい影響を及ぼしている現状が見えてくる。

しかし、これだけ造られてきているのだが、その平均砂防整備率はわずか二〇パーセントくらいである。国土交通省の示す土砂災害危険箇所数は、土石流危険渓流一八万三八六三渓流、地すべり危険箇所一万一二八八カ所、急傾斜地崩壊危険箇所三万三一五六カ所（二〇〇三年）。この砂防整備率と危険箇所数の実態の中で、土砂災害に対応していかなくてはならないということだ。

このような状況の中で、長年、土砂が止められることでさまざまな問題が噴出しつつある。以下に具体的な問題点を述べていく。

砂防ダムがもたらしている問題群

海岸侵食

砂防ダム、貯水ダムのなかった明治初期にくらべ、海岸線が、天竜川河口以西など多いところで一・五キロメートルも後退しており、全国で年間一七〇ヘクタールが失われている。川からの土砂供給と侵食とのバランスが大きく崩れてしまったのである。

国はすでにこの防止策に何兆円もの予算を投じ続けている。かつての美しい砂浜は消波ブロックだらけで見る影もない。最近、国交省は砂浜の養浜《ようひん》ということで砂を運び込んでいるが、こと

写真１　一般的な砂防ダム

ごとく失敗している。

また、投入砂礫径を適切に選ぶことで、砂浜の流失に歯止めがかかると報告している。しかし本来川が運ぶ砂礫は、運ばれる距離によってその粒径が変化し、大小入り混じった砂礫が海岸に流れ着き、砂浜を形成してきた。この自然現象が最もよい砂礫径となって堆積していくのである。要は川に砂礫を運ばせることが最もよい予防方法であるということになる。

また、森林からの適正な養分が流れる働きも滞る現象をともなっている。今は源流部でその原因をつくり、その尻拭いで再度税金を使うという悪循環に陥っている。

骨材（セメントに混ぜる小石や砂）の不足

ダムや砂防ダムによる貯砂機能によって、源頭部から下流への土砂供給が止まり、中下流域で、セメントに混ぜる小石や砂などの骨材利用ができなくなっている。不足分は山を削る、海底を掘る、田畑を掘り返す、諸外国からの輸入などさまざまな問題を発生させている。

河床低下

上流からの適正な土砂供給が止まることで河床が低下し、護岸や橋桁などの基礎部が洗掘され災害につながっている。また河床低下が基盤岩まで進むことで路盤化し、樋状となって魚類の移動や産卵ができにくい環境が形成されている。さらに河床低下の予防や復旧に多額の費用が必要となっている。

土砂が出るから砂防ダムを造るという根拠には必然性がない

長野県松本市薄川《すすきがわ》流域の森林と土砂流出の関係は**表1**のとおりである（森林と水プロジェクトワーキンググループ提供）。森林崩壊地の状態は、一九六二年にくらべ

表1　長野県松本市薄川流域の森林と土砂流出

	1962年	1999年
森林面積	3,880ha	3,949ha
崩壊地箇所数	73カ所	24カ所
崩壊地面積	29.23ha	13.91ha
流出土砂量	10,716t	5,967t

九九年の方がよくなっており、土砂の流出もほぼ半減している。この傾向は長野県以外でも共通していると思われ、少なくてもこの結果からは、砂防ダムを造る根拠は見えてこない。

魚道問題

魚類の生息環境考慮への対応策として、砂防ダムに魚道を設置すれば問題が解決するかのごとく思われているが、機能しないものが多すぎ無駄金になっている。仮に一〇尾に一尾が遡上できたとしても、たとえば七基目のダムを通過できる魚は一〇分の一の七乗となり、一〇〇〇万尾のうち一尾でしかない計算になる。実質的にはないも同然になってしまう。

さらに渓流の分断化は、魚類の上下流の交流がなくなるため近親交配が進み、遺伝的多様性が失われ絶滅の危険性が高くなっている。最近では飛翔力の少ない水生昆虫もこの傾向があるという研究結果が報告されてもいる。また今後起こると見られる温暖化によって川の水温が上昇すれば、低温域に逃れるための遡上が始まり、砂防ダムなどがそれを妨げることになることも指摘されている。

写真2　渓流の復元（上：ダム改修前、下：改修後）

狭窄部への砂防ダム建設の問題

近年ダム強度を得るために谷奥の岩盤の硬い狭窄部に堤高の高いダムが造られる傾向が多い。皮肉にもこういう場所が最も美しいところになっている。

林野庁「治山施設被害原因調査報告書」によると、一九六四年から四年間に全国で七六九基の治山ダムが壊れていて、古いダムほど被災しやすいという。今後、寿命を迎える大きなダムが壊れれば、それだけで災害につながってしまう。また渓流の中には蛇行部、狭窄部、拡幅部が数多く存在し、これらの組み合わせで土砂が堆積しやすい場所が生じ、自然に流出土砂の調節が行われている。行政側はこれらの堆積土砂を不安定土砂として位置付けることにより砂防ダムを建造する根拠としている。

しかし、このような土砂調節機能はスリット式砂防ダム等のそれと何ら変わりないはずであり、この機能を見直す必要がある。さらに地形的に多量の土砂調節機能を持つ広大な場所が開発されるような今までのやり方は改める必要がある。土砂災害防止法（後述）ができた現在ではこれもまかり通らないはずだ。

砂防建設の根拠と問題

砂防は住民の生命財産や公の道路、橋等の施設を守るために施工される。したがって、いつ、どの辺から、どのくらいの土砂量が出てくるのか、どのあたりが危ないのかがわかって、はじめて対策が立てられる。裏を返せばこれらがはっきりしない場合はかなり曖昧な安全性となる。

各種の土砂量の算定は必ずしも対象とする現場をくわしく調べて決め

写真3　スリット式砂防ダム

るのではなく、流域平均を元にした土砂量があくまで推測によって決定されている。したがって、実際の災害例などを見ると、建造された砂防ダムの土砂調節量より一桁多い流出土砂量という例も少なくない。

しかし、たとえば一九九七年五月に秋田県鹿角《かづの》市の八幡平《はちまんたい》登川《のぼりがわ》温泉で発生した土石流では、旅館一六棟が埋没・流失し、土石流は約二キロメートル下流まで達し、流出土砂量は二〇〇万立方メートルと大きかったにもかかわらず死者は出ていない。これは住民の砂防ダムに頼らない危機管理、安全管理がうまく働いたことを示している。ダム＝安全ではないという前提で、ソフト対策が重視されるべきである。

また、河床低下や大幅な海岸線侵食などに対してどの程度流したらよいのか、ほとんど調べられていない。国交省河川審議会の小委員会がまとめた「流砂系の総合的土砂管理に向けて」の答申では、流砂系での土砂移動の量、質、予測の精度を上げるためのモニタリングを含めた研究を推進する必要性を提起しており、今まで行われてきた「水系砂防」の基本的な不備を補おうとしている。このような基礎データがないままにダムの新設が先行することは実におかしい。

情報が公開されていない

私たちが反対している、長野県松本市安曇《あずみ》地区に計画されている霞沢《かすみざわ》砂防ダムの場合、一〇〇年に一度の雨（雨量は答えていない）で、流域から出る土砂量が二〇万立方メートルになる可能性があり、この土砂が梓川《あずさがわ》本流を塞ぎダム化した場合、沢渡《さわたり》地域が水に浸かる危険性があるから建設するのだという。しかし、市町村でハザードマップを示すこのご時世に、水に浸かる範囲を示したものは公表できないという始末である。本来はこの理屈を説明するために数字の根拠を示さなければならないが、さまざまな理由を付けて公開していない。

水害にどう対応していくのか

先に述べたように、土砂災害対策として明治時代から約一〇〇年以上をかけ、膨大な税金を投入して行われてきたはずの砂防ダム建設だが、その平均砂防整備率（達成率）は約二〇パーセントである。今までと同様な費用と時間をかけたとしても、整備率を四〇パーセントに上げるには単純に見積もっても後一〇〇年くらいかかる。

しかも、コンクリートの寿命は五〇〜一〇〇年といわれている。とすれば、寿命で壊れるダムの率を差し引けば、整備率は相変わらず二〇パーセントぐらいに留まってしまう。

実際、毎年どこかで大雨が降れば、多数の死者が出る。私たちはこの整備率の示す現実の中で防災を考えていかなければならない。今後の財政事情からは、ハードに頼ることの限界を前提にした方が賢明である。

砂防工事だけで安全を確保しようと考えれば、人びとの砂防に対する過信は被害を拡大することとなる。また工事にともなう環境破壊は絶えずついてまわる。これまで述べたような問題が解決する見通しがないかぎり、ハード面に頼るよりは、土砂が出ることを前提とした対策の方がさまざまな面で無理のないものになる。

こういった状況の中で、土砂災害防止法（二〇〇一年）が誕生した。この法律では、過去の事例から、警戒区域・特別警戒区域などを指定し、土砂災害の起こる可能性の高い場所の土地利用を規制し注意を促している。その理念にあるように、土砂災害の起こりやすい場所はほぼ決まっており、ハードの限界を前提にすれば、危険場所の土地利用に制限を加える方が現実的な対応といえる。

既存ダムのオープン化改修を

今まで述べてきたように、源頭部から河口までの間で起きている現象や問題は、流域全体を視野に入れた対応を考えなければ解決できないところまできている。

そして正常な土砂の移動、渓流環境、防災・財政を考えれば、これ以上の砂防・治山ダムの新設を止め、既存ダムのオープン型への改修から始めるべきである。今は積極的に土砂を流す時期である。同じ大きさの場合、一基のオープン型への改修は約七基分のダムの働きと同じになる。また今後ダムの老朽化が進むが、この改修はダム内の土砂を減らすことで崩壊時のリスクを下げることにも繋がる。

そして事例は少ないが、砂防・治山ダムの改修は長野県、群馬県、北海道などですでに始まりつつある。国交省飯豊《いいで》山系砂防事務所管内で二一基くらいが行われている。なお、最近では閉塞しにくいV字型スリット改修が実施されている。砂防ダム新設にくらべ、既存ダムのオープン化改修は新設費用の約一〇分の一ですみ、土砂調節機能は新設の場合と同じになる。

長野県乳川《ちがわ》白沢砂防ダム改修の例から見ると、新設の場合、総工費約一四億円、既存ダム改修の場合は約二億円、大きな差が出る。普及率が高まれば費用はもっと安くなるはずだ。すでに九万基超のダムが造られているのだから、すべてを改修するといってもかなり時間がかかる。公共事業としての仕事も一〇〇年近くは続くので業者へのマイナス面も軽減する。このようにして浮

写真4　既存ダムのスリット化改修

いたお金を、国民の本当の幸せに繋がるよう政策転換に使うべきではないだろうか。

なお最近、各地で土砂災害が起きているが、マスコミ、行政も含め「もし災害が起こる前に砂防ダムが造られていたら災害を防げたのでは」という論調がある。しかし前述のように、いつ、どこに、どのくらいの土砂が流出してくるのかがわかれば対策は容易であり、それまでに流出してくる土砂量に見合った大きさのダムを造ればよい。ダムを造れなければそこから撤退するしかない。要はいつごろ、どこで起きるかわからないということ、長年行われてきたはずの平均砂防整備率が二〇パーセントくらいしかないということ、建造するのに膨大な時間とお金がかかることである。この現実から出発するしかないのである。

以上述べた通り、砂防行政の実態を理解することで無駄な財政支出をなくせる可能性と、私たちの幸せにつながる本当に必要なところへお金がまわる仕組みの必要性が見えてくる。渓流環境を守り、再生させるための運動は、その他の市民運動と関連づいていることを認識したい。まずは地域の住民が問題提起し、国民的議論を起こしていくことが必要だろう。

（渓流保護ネットワーク・砂防ダムを考える代表）

あとがき

私が初めて長野原町を訪れたのは一九七〇年代後半だった。東京の野川や多摩川などの活動を通してささやかながらも河川とその流域の環境保護問題にかかわっていて、そのつながりで八ッ場ダム建設反対同盟の方々と交流をもったのだった。川原湯温泉の森に包まれた露天風呂で議論を続けたことが今でも思い出される。それから三十余年、何度、長野原町に通ったかわからない。

だから、民主党政権になって前原国土交通大臣が八ッ場ダムの建設中止を宣言したときには、新しい時代がやってくるのではと本当に期待したし、その後、さまざまな経過の中で建設再開のゴーサインが出され、町長をはじめ地元有力者が万歳三唱する演出がなされたことには激しい憤りをおぼえるとともに、問題の複雑さと深さ、国の壁の高さ厚さに跳ね返されたことに悔しくもあった。何で必要のないことがわかっているダムが造られ続けるのか、どうすればダムを造らない社会になるのか。

その解決の糸口を見つけようと、八ッ場ダム問題にかかわる人たち、広くダム問題と河川問題にかかわっている人たちに、さまざまな角度から執筆してもらったのが本書である。

第Ⅰ部では「脱ダム社会をどうつくるか」として、日本の河川行政とダム建設のシステムを批判している方々の論考を収録した。

まず、川と人との関係を問い直すことから始めた。早くから河川のとらえ方を見直し、河川行政に対して積極的に提言している大熊孝に、「治水・利水」という、人間が川を制御しようとする見方ではない、川と人の関係のあり方について書いてもらった。彼の「川とは、地球における物質循環の重要な担い手であるとともに、人にとって身近な自然で、恵みと災害という矛盾のなかに、ゆっくりと時間をかけて、人の〝からだ〟と〝こころ〟を育み、地域文化を形成してきた存在である」という視点が重要である。

八ッ場ダムに取り組み、全国のダム問題を研究し、水辺の回復運動をしている嶋津暉之には、八ッ場ダムが不要であることを簡潔に示してもらった。このダムは利水・治水いずれの観点からも役立たないばかりか、節水と人口減で東京では二〇〇万トン／日の水余りであるという。しかも、ダム建設を決める上位計画である利根川河川整備計画が存在しないのは、日本における公共性の問題、あまりにも貧しい社会的共通資本づくりの現実を示している。

公共事業論が専門の五十嵐敬喜の論考は、ダム建設という国家的事業が大臣の宣言だけでは中止にならない現実を冷静に語る。公共事業を中止するためにはどのような手続・過程が必要かについての考察は、ダムに反対する側にとっても今後成熟した議論と運動が求められることを示している。なお、五十嵐は、日弁連とともに「公共事業改革基本法案」を提唱している。

嶋津とともに、ダム建設と闘う地元住民のネットワーク組織「水源開発問題全国連絡会」の代表を務め、事務局長でもある遠藤保男は、「有識者会議」というシステムが河川行政の客観的な検討の場ではなく、むしろ行政の意向を追認する場となっていることを明らかにしている。

こうした日本のシステムに対して、諸外国では公共事業に市民の意見を反映させる仕組みがあることの実例として、まさのあつこに米国コロラド川のグレンキャニオンダム運用に関するシステムを報告してもらった。グレンキャニオンダムの運用を決定する「グランドキャニオン保護法」には、さまざまな段階で地元住民や環境団体の意見を聞いたり、作業部会にそうした人びとを参画させる仕組みが定められている。

日本でもそうした住民の意見を反映させようとする取り組みがかつてなされたことがあった。元国土交通省の職員であった宮本博司に、一九九七年の河川法の改正をふまえた淀川整備計画の策定にあたっての淀川水系流域委員会の結成と実践を報告してもらった。「現地の状況や地域の人びとの想いを共有するにしたがって、委員会に参加していた人びとがそれまで見えなかったものが見えるようになり、それまで想像さえしなかった他人の想いに共感するようになった」なったという。それは行政からの「流域の発見」であり、〝住民の意見を反映させる〟ということが単なるお題目でなく、自分たちが地元から学ぶことであり、川のとらえ方を変革する契機であったことが示されている。この行政が用意した淀川水系流域委員会は、公開で民主的に運営された最も理想に近いものであった。

関良基の報告は、流域の森林がいかに水を貯めるかを検証し、八ッ場ダム建設の可否の争点である「基本高水」の過大な想定の誤りを正している。基本高水は、大雨が来た場合に川にどれほどの水が出るかの想定値で、ダム建設側はおうおうにして高めに設定してダム建設を正当化しやすい。これに対して関は、「ダムによって河道内に雨水を貯留するよりも、森林や水田の整備、市街地のコンクリートを減らして雨水の透水性を高めるなど、広く面として流域全体の保水機能を高めることが大切である」と、川に閉じ込めようとする発想に疑問を呈している。

第Ⅱ部「八ッ場ダムの問いかけ」では、八ッ場ダム建設の現地、長野原町の姿を、多方面から理解しようと考えた。

清澤洋子は八ッ場ダム本体工事の中止と水没予定地の再生を目的としたＮＰＯ法人「八ッ場あ

したの会」の事務局長で、八ッ場ダムに関連した地元の問題を明らかにし、集会やニュースレター、ホームページで発信するという重要な役割をはたしている。現時点での地元の問題を簡潔に報告してもらった。

大和田一紘はNPO法人「多摩住民自治研究所」を主宰する地方自治体財政の専門家で、長野原町の財政状況を分析してもらった。ダムが過疎地域の村おこしになるという言説がいかに幻想であるか、ダム事業が地域の経済を不安定にし、疲弊させてきたかの分析は今後、長野原町以外にもダム建設が計画されている全国の地域づくりに重要な指標となろう。自立した村おこしの方向とは何かが改めて問われている。

中村庄八論文は、八ッ場ダムに関連して争点のひとつとなっている代替地の危険性を、崩落のシミュレーションとしてわかりやすく図解したものである。それは、危険性をあおることが目的ではく、自然科学や技術工学における客観値・許容値が、現場では必ずしもそのまま通用しないことを示している。

鈴木郁子は「STOP八ッ場ダム・市民ネット」を主宰し、八ッ場ダム問題を女性の視点から見つめている。複雑な人間関係のなか、もつれた糸をときほぐそうと、地域を歩く。フキノトウやワサビ田を見つめながら「八ッ場の水の流れにも、地下をそっと流れ行く伏流水もある」と春の予兆と子どもたちの未来に期待を寄せる。

「失われた将来像」の萩原優騎は、そうした地元の人びとこそ主人公であることを改めて問う。「根本的な問題は、長期にわたる対立関係によって、共通課題に取り組むための基盤が失われていることにほかならない」「八ッ場ダムをめぐる対立による人間関係の分断や地域社会の疲弊により、公共性を担うための条件そのものが、この地域では失われている」との指摘は重要である。

現在の立場や人間関係、社会的つながりを越えた話し合いのテーブルを用意できないであろうか。地元長野原の農業者、旅館主、温泉役員、工場主、役場公務員、町会議員、農協役員、商工会、環境団体など、地域の多様な人びとの間に、対話と協同の橋がかかることが今後大切なことである。

「下流からNO！と言い続けること」の深澤洋子は、吾妻渓谷の美しさに感動し、こうした自然環境をなくしてはいけないと、自分が住む東京都小平市で「八ッ場ダムを考える小平の会」を結成し、八ッ場ダムの事業費を負担する都の姿勢を問うていく。八ッ場ダム「関係自治体」である首都圏の住民が遠くのこととして無関心でいては、八ッ場ダム建設の事態は変わらないであろう。

また、「専門性の陰に立てこもろうとする行政を民主化するには、市民ががっぷり四つに科学と取り組み、科学を味方に付けるしかない」という市民環境科学には期待が大きい。

第Ⅲ部「川との共生へ」では、ダム問題で揺れる全国の川の動向をいくつか報告してもらった。全国には、八ッ場ダムのほかにも、設置の効果が認められそうもなく、流域の自然環境を破壊する恐れのあるダム建設計画が数多くある。

北海道の沙流川では、「アイヌ民族独自の文化を不当に軽視、無視した」と裁判所も認めた二風谷ダムが運用を続けており、さらにその上流、額平川に平取ダムの建設が計画されている。しかし、二風谷ダムは予想の二〇倍の早さで砂がたまり、洪水調節機能をはたせなくなろうとしている。

山形県の最上小国川は、日本列島では希少な流域にダムのない川で、天然アユの経済効果が二二億円とも見積もられているが、今まさにダム建設が強行されようとしている。

茨城県の霞ヶ浦は、一九六〇年代から大規模な水資源開発事業で海から遮断され、湖岸全域をコンクリート護岸され、ヨシなどの自然環境が改変されてきた。

また、信濃川中流域では、宮中ダムが決められた水量以上の取水をし、JR東日本の千手・小千谷発電所に送って信濃川本流にはわずかな水しか戻さないという不正で水利権を取り消されたのは二〇〇九年のことだった（二〇一〇年六月に再開）。わずかしか水が流れず干からびていた信濃川に水は戻ったが、今も信濃川中流域の発電所は首都圏の通勤電車に電力を送り続けている。それは福島第一原子力発電所と同様の構図である。

このように全国では、問題のあるダム建設と運用が相変わらず進められているが、そうした動きを止め、川との共生の道を選択する活動も各地で成果を上げてきている。

さきに取り上げた霞ヶ浦では、水草のアサザを保護する活動を契機として、農林水産業や地場産業、企業、行政と協働した市民型公共事業「アサザプロジェクト」が結成され、自然環境の再生と地場産業の振興をリンクした活動が始まっている。

また、利根川・江戸川の広大な流域では、各地の川にかかわる市民団体が「利根川・江戸川流域ネットワーク」を結成し、流域全体の問題に共同して取り組んでいる。

四国は徳島県の吉野川では、江戸時代に造られた第十堰を取り壊し新たな可動堰を建設しようとする県の計画を市民が跳ね返した。

また同じく徳島県の山間部にある旧木頭村は、〝一度計画されたらどうしても止まらない〟といわれた公共事業であるダムを阻止し、ゆずやアユ、湧水といった地域の資源で村おこしを進めている。

熊本県の川辺川では、国の強引なダム建設への動きに対して、地元の漁民や農民と下流域の都市部でのダム反対市民の運動が周到な活動を展開し、国交省の強制収用裁決申請を取り下げさせ、県からダム計画の白紙撤回を引き出した。この成果を引き出したのは「ダムによらない利水・治水」という流域住民の知恵、自然とのかかわり方にある。報告者中島は、大水と水害を区別し、家が水に浸かる程度の大水は年一回の大掃除ぐらいに受け止めているという「川近くにすんでいた人の話を聞くと、今ではとうてい信用できないような話」を紹介し、水を河道から一滴も外に出さないような、国が進めている治水原則に市民が慣らされ、「わずかでも水が出てくると、行政の責任だと大騒ぎするようになってしまった。私たちは、もっと川の自由度をまして、川と共生することを考えるべきではないか」としている。

全国九万基を超える砂防ダムも忘れてはならない問題である。砂防ダムは急流の多い日本の河川で土砂災害を防いでいるというイメージをもたれているが、田口報告は、砂防ダムの整備率はわずか二〇パーセントで、それも渓流破壊、海岸侵食、河床低下などの環境破壊の側面が大きく、「ハードに頼ることの限界を前提にした方が賢明である」としている。そして、今は既存ダムの改修を進め、堆積した砂を流すべきだという。ダム乱開発からの脱出のひとつの道である。

以上、長々と各論考の位置付けを述べてきたが、このように多方面・多地域の執筆者に依頼したのは、全国のダム問題にかかわる人たちの交流と対話の橋をかけたかったからである。新しい公共性をつくっていこう。

木頭村の実践を報告してくれた旧木頭村長藤田恵は、報告の最後で「市民の横断的な連帯組織を」と分析し、「国交省をはじめとする国や県の人材と金は無尽蔵に近い。反面、……市民側は、全員が無報酬で人材も金も不足し……いくら個人的に活動しても限界があり、勝てないのが道理である」とし、「たとえば、ＷＷＦ（世界自然保護基金）の日本版のような組織を確立し、国や県の官僚に対抗できる優秀な人材と活動資金の確保が必要である」としている。

全国各地で闘っている市民の情報交換・交流については、先に紹介した水源開発問題全国連絡会や八ッ場あしたの会が多大な貢献をしているので、微力な私が考えているのは、交流の内容面で、もっと多様な意見、議論が交わされることが、これからの「協同性」や「支えあい」をつくるために必要ではないか、ということである。そうした面では、八ッ場ダム現地、長野原町のダム賛成派の人たち、行政を担っている人たち、さらには声を上げることがない人たち、町を出て行った人たちなどの生の言葉をていねいに拾うことが大事なのかもしれない。それは今後の課題としたい。

本書の作成にあたり、水源開発問題全国連絡会、八ッ場あしたの会をはじめとして、全国の水問題に取り組む運動の仲間に感謝したい。また嶋津暉之、大熊孝、藤田恵、宮本博司などの先学、私の水感覚を育ててくれた、ＡＴＴ（荒川・利根川・多摩川）流域研究所の仲間たちにも感謝したい。

二〇一三年　新春

編者　上野英雄

参考文献
嶋津暉之・清澤洋子『八ッ場ダム――過去、現在、そして未来』岩波書店
宇沢弘文・大熊　孝編『社会的共通資本としての川』東京大学出版会
大熊　孝『増補　洪水と治水の河川史――水害の制圧から受容へ』平凡社ライブラリー
大熊　孝・吉田正人・嶋津暉之『首都圏の水があぶない――利根川の治水・利水・環境は、いま』岩波ブックレット
五十嵐敬喜・小川明雄『公共事業をどうするか』岩波新書
五十嵐敬喜・小川明雄『道路をどうするか』岩波新書
政野淳子『水資源開発促進法――立法と公共事業』築地書館
鈴木郁子『新版　八ッ場ダム――計画に振り回された57年』明石書店
大和田一紘『増補版　習うより慣れろの市町村財政分析――基礎からステップアップまで』自治体研究社
鷺谷いづみ・飯島　博『よみがえれアサザ咲く水辺――霞ケ浦からの挑戦』文一総合出版
姫野雅義『第十堰日誌』七つ森書館
藤田　恵『国を破りて山河あり――日本で初めて巨大ダムを止めた村長』小学館
子守唄の里・五木を育む清流川辺川を守る県民の会『川辺川ダム中止と五木村の未来』花伝社
今本博健『ダムが国を滅ぼす』扶桑社
中島政希『崩壊　マニフェスト――八ツ場ダムと民主党の凋落』平凡社
日本弁護士連合会公害対策環境保全委員会『川と開発を考える――ダム建設の時代は終わったか』実教出版
鬼頭秀一『自然保護を問いなおす――環境倫理とネットワーク』ちくま新書
科学・経済・環境のためのハインツセンター著、青山己織訳『ダム撤去』岩波書店
谷田一三・村上哲生編『ダム湖・ダム河川の生態系の管理――日本における特性・動態・評価』名古屋大学出版会
宮本憲一『公共政策のすすめ――現代的公共性とは何か』有斐閣
原科幸彦編著『市民参加と合意形成――都市と環境の計画づくり』学芸出版社
小倉紀雄『市民環境科学への招待――水環境を守るために』裳華房
ウルリヒ・ベック著、東　廉・伊藤美登里訳『危険社会――新しい近代への道』法政大学出版局

参考ホームページ
水資源問題全国連絡会：http://suigenren.jp/
八ッ場あしたの会：http://www.yamba-net.org/

編者紹介

上野英雄（うえの・ひでお）

1936年北海道生まれ。

レイチェル・カーソン『沈黙の春』や東京都国立市のまちづくりの会に触発され、下水道問題から水問題に接近、全国の水辺を歩いて35年になる。環境NGO「ATT（荒川・利根川・多摩川）流域研究所」前代表。現在、哲学・経済学・文学・思想・歴史など異分野交流の市民社会研究会「希望社会研究会」で、公共性などを共同研究。

主な著書 『最新 危ない水』（現代書館）、『環境問題を考える』(JA)、『合成洗剤公害レポート』（日本地域社会研究所）ほか。

ダムを造らない社会へ——八ッ場ダムの問いかけ

2013年 2月15日　第1版第1刷発行

編　者＝上野英雄

発行者＝株式会社 新 泉 社
東京都文京区本郷2－5－12
TEL 03（3815）1662／FAX 03（3815）1422

印刷・製本／シナノ

ISBN978－4－7877－1218－9　C0036

水・環境・アジア　グローバル化時代の公共性へ
西原和久編、嘉田由紀子・宇井　純ほか著／Ａ５判並製／一九二頁／二〇〇〇円＋税

アジア巨大都市　都市景観と水・地下環境
谷口真人・谷口智雅・豊田知世編著／Ｂ４判上製／一八四頁／三八〇〇円＋税

浜岡　ストップ！原発震災
東井　怜著／Ａ５判並製／二〇八頁／一五〇〇円＋税（野草社刊）

聞き書き　震災体験　東北大学90人が語る３・11
とうしんろく（東北大学震災体験記録プロジェクト）編／Ａ５判並製／三三六頁／二〇〇〇円＋税

核廃棄物と熟議民主主義　倫理的政策分析の可能性
ジュヌヴィエーヴ・フジ・ジョンソン著、船橋晴俊・西谷内博美監訳／四六判上製／三〇四頁／二八〇〇円＋税